INVENTAIRE
S 34,582

...iété géologique. De France

AF369228

# SOCIÉTÉ GÉOLOGIQUE

## DE FRANCE.

## RÉUNION EXTRAORDINAIRE

### A ÉPERNAY (MARNE),

Du 23 septembre au 2 octobre 1849.

Les membres qui ont assisté à la réunion sont :

MM. BAROTTE,
BOURJOT,
BRIMONT (DE),
DUTEMPLE,
HAGUETTE,
HÉBERT,
RAULIN,
SCHEERER,
VERNEUIL (DE).

## *Séance du 23 septembre 1849.*

Les membres de la Société géologique présents à Épernay se sont réunis à deux heures à l'hôtel de l'Europe.

On procède, pour la session, à l'organisation du bureau, qui est composé de la manière suivante :

*Président :* M. DUTEMPLE ;
*Vice-président :* M. HAGUETTE ;
*Secrétaire :* M. HÉBERT.

M. Hébert propose à la Société, pour ses courses, un itinéraire qui est adopté.

1850

**M. Raulin lit le mémoire suivant :**

*Sur l'âge des sables de la Saintonge et du Périgord, **et de** plusieurs minerais de fer tertiaires de l'Aquitaine*, **par M. Victor Raulin.**

Dans un mémoire lu à la séance du 19 mars 1849, M. Coquand, pages 355 à 365 du *Bulletin*, s'est élevé contre plusieurs des opinions que j'ai émises dans mon *Nouvel essai d'une classification des terrains tertiaires de l'Aquitaine*. Cet essai n'étant en quelque sorte que le prodrome d'un travail plus étendu que je me propose de donner par la suite sur le bassin tertiaire du S.-O. de la France, j'avais dû me borner à signaler, en les étayant de quelques preuves seulement, les résultats auxquels m'avaient conduit mes premières études sur ce pays. Aujourd'hui qu'une partie de ce que j'ai avancé est attaquée à l'aide de faits de détails, je vais le défendre en tirant parti le plus souvent de ceux que mes notes de voyages me fournissent.

1° M. Coquand persiste à rapporter, avec M. Dufrénoy, les gypses de Sainte-Sabine, près de Beaumont, et les calcaires d'eau douce de ce bourg, ainsi que ceux de Moissac, à l'étage tertiaire moyen. Si M. Coquand voulait, en partant de ces deux localités, suivre en aval la vallée de la Dordogne ou celle de la Garonne, il pourrait voir, sans aucune difficulté ni équivoque, le système calcaire inférieur de ces localités se poursuivre vers l'O. par Bergerac ou par Agen et Marmande, à Sainte-Foy et Castillon ou à Duras, Monségur, Sauveterre, etc., localités où il est recouvert par des calcaires grossiers marins, qui sont eux-mêmes le prolongement vers l'E. de ceux de Libourne ou de Saint-Macaire et de La Réole, calcaires que M. Dufrénoy range dans le terrain éocène, mais que je considère comme la base du terrain miocène.

2° Quant à l'assimilation que j'ai faite des sables du Périgord à la mollasse du Fronsadais, ce ne serait pas faire une réponse à M. Coquand que de dire qu'après avoir parcouru le pays, j'ai adopté l'opinion des géologues qui m'ont précédé dans son étude, MM. Billaudel, Dufrénoy, Drouet, Ch. Des Moulins, de Collegno, Delbos, etc. Mieux vaut lui opposer des faits pris dans les localités qu'il connaît déjà. Comme je l'ai dit : « Au N. d'une ligne allant de Blaye à Bergerac et Caus-
» sade, cette assise (la mollasse) prend un facies différent;
» les couches argileuses disparaissent en grande partie et les

» sables presque seuls persistent ; elle passe latéralement aux
» *sables du Périgord* qui sont grossiers, alternent parfois
» avec des argiles de même couleur et renferment les mine-
» rais de fer des bords de la Lémance. » En effet, il suffit
de couper sur n'importe quel point cette ligne, en cheminant
perpendiculairement à sa direction pendant quelques lieues,
pour voir l'ensemble des couches passer, tantôt par gradations
insensibles, tantôt assez brusquement, d'un faciès à l'autre, et
cela sans que les coteaux qui en sont constitués éprouvent de
variations notables, soit dans leurs formes, soit dans leur altitude, et sans que le dépôt cesse de reposer sur la craie.

Il me serait très facile de donner une dizaine de coupes, éta-
blissant toutes le passage latéral des *sables du Périgord* à la
*mollasse du Fronsadais;* mais, pour ne pas trop allonger cette
note, je me bornerai aux trois exemples suivants, pris sur toute
la longueur de la ligne, entre Blaye et Cahors, la grande route
d'Angoulême à Bordeaux, le grand chemin de Thénon à Bergerac et la route de Cahors à Tournon. Mes descriptions seront
mises en rapport avec la carte de Cassini.

*Route d'Angoulême à Bordeaux.* — Sur le plateau d'Ori-
gnolles, au S.-E. de Montlieu, la craie jaunâtre présente à sa
surface, soit des monticules d'argiles rouges et grises et de sables
grossiers rougeâtres avec de gros blocs de grès exploités, soit
des dépressions avec des amas d'argile grise et des blocs de poudingue quartzeux jaune rougeâtre, à ciment ferrugineux. Sur la
grande route, des sables grossiers rougeâtres se voient avant
Pinau, et au sommet du monticule on exploite des grès dans
des sables rougeâtres. Après la poste de Chierzac, le plateau
est une lande, très étendue à l'O., de sables jaunes à cailloux
avellanaires de quartz, et il y a des poudingues quartzeux à
petits cailloux. La montée de l'ancienne poste de Pierre-Brune
laisse voir des argiles grises à gros grains de quartz, et, en
descendant aux Plassotes, des marnes vertes sont tirées çà et
là, sur 2 à 3 mètres, pour amender les terres. A Mortiers, les
argiles vertes et jaunes sont employées pour la tuilerie. A partir
de ce point le pays change d'aspect, les vallons deviennent plus
profonds et les coteaux formés de marnes sont cultivés. En remontant, après Cavignac, on voit une argile sableuse bleu
verdâtre, qui est aussi exploitée sur 3 ou 4 mètres pour une tuilerie près de Ballet. Jusqu'au delà de Saint-Antoine la route
traverse un plateau un peu bas, humide, de mollasse recouverte
d'argiles sableuses jaunes, et dominé à l'E. par le coteau d'Es-

pessas et de Salignac, formé par le calcaire grossier de Bourg. De Saint-Antoine le sol, qui s'élève un peu jusqu'à la jonction de la route de Blaye, est une lande de sable blanchâtre très humide, qui s'abaisse ensuite à Saint-André-de-Cubzac. Si de ce bourg on va à l'O., sur la côte de Montalon, qui est plus élevée que la jonction des routes, on voit d'abord des alternances de mollasses et d'argiles vertes, puis des calcaires grossiers stratifiés, tendres inférieurement et durs supérieurement, sur 3 ou 4 mètres, avec parties concrétionnées, qu'il est impossible de ne pas rapporter à celui de Saint-Macaire. Au sommet enfin se trouvent, sur 3 ou 4 mètres, les sables argileux rouges, à cailloux de quartz, du diluvium de la Garonne. — Dans cette coupe les sables de la Saintonge se transforment donc graduellement en une mollasse inférieure, comme celle du Fronsadais, au calcaire grossier de Saint-Macaire.

*Grand chemin de Thenon à Bergerac.* — La craie, qui est fort élevée dans la haute crête de La Galabardie, où passe la route de Périgueux à Sarlat, s'abaisse en pente douce jusqu'à Bergerac, où elle est fort peu au-dessous du niveau de la Dordogne : elle apparaît au-dessous du terrain tertiaire dans tous les vallons et sur les bas plateaux que traverse le grand chemin. La crête de La Galabardie est formée par des sables rouges argileux qui ont une assez grande épaisseur, et qui, sur les pentes, offrent à leur surface de gros silex blonds, non roulés, de la craie. (Aux Landettes, à 5 kilomètres au S., sur la route de Sarlat, on tire pour une tuilerie des argiles rouges et blanches qui en dépendent, et il y a aussi de beaux sables jaunes, gris et blancs.) En descendant au vallon de La Jarte les sables jaunes en renferment d'autres argileux, jaunâtres et blanchâtres, ainsi que des grès grossiers ferrugineux. Dans le vallon de Vern aussi, il y a dans le fond des sables argileux rouges, très ferrugineux par places. En remontant de Cendrieux on voit les mêmes sables argileux jaunes, rougeâtres, blancs ou grisâtres, qui, au signal des ingénieurs géographes, sont couronnés par des meulières cariées, bleuâtres à l'intérieur, rougeâtres à la surface, que l'on retire en abondance des fossés des bois, et qui sont bien certainement en place. En redescendant à Dazat on retombe sur des argiles sableuses jaunes, rouges, violettes ou blanches, qui reposent sans intermédiaire sur la craie. De Louiller à Saint-Laurent-des-Bâtons le plateau de craie jaune présente une dépression remplie de sables argileux rouges, roses et violets qui ont plus de 10 mètres d'épaisseur. Une autre dépression, située à l'O. de la colline de Peyrouse, présente de nombreux blocs demi-métriques de grès ferrugineux concrétionné, tantôt à grains fins, tantôt très chargé de fer hydroxydé, et avec des cavités tapissées de cristaux de quartz dans le centre des blocs ; la colline elle-même est formée par des sables jaunes. De La Pouteille on passe sur des sables rouges jusqu'au Sorbier, où il y a sur la craie des argiles sableuses rouges et blanches. La crête de Lartigue est de sables, quelquefois rouges, et en descendant à Lamonzie Montastruc, on voit ces mêmes sables, rougeâtres à la surface, renfermer un grand nombre de blocs de grès blanc ou grisâtre, donnant du gros et du petit pavé. Après avoir suivi, au milieu de la craie, la vallée du Coudou jusqu'à la route de Périgueux, on trouve sur celle-ci, en sortant de Lembras, de grandes poches de sable argileux blanc ou rougeâtre. Devant Corbiac, là où la vallée se resserre beaucoup, il y a une immense poche de sables argileux, grisâtres à la partie inférieure, renfermant des rognons considérables de grès, tantôt fins, tendres, à débris de végétaux, tantôt grossiers, durs, légèrement brunâtres, exploités pour le pavage ; la partie supérieure est formée par des sables grossiers rougeâtres. La craie apparaît encore, mais pour faire place de suite aux sables avec grès, qui sont exploités dans les coteaux de Dessus-de-Fonbonne. Sous Bergerac enfin, la berge de la Dordogne, de 8 à 10 mètres d'élévation, est formée de couches irrégulières de mollasses grossières, verdâtres, semblables à celles qui se trouvent sous les calcaires d'eau douce dans les coteaux qui bordent la vallée au S. — Dans cette coupe, les sables à grès ferrugineux du Périgord passent fort rapidement aux grès de Bergerac, dont personne ne conteste la position au-dessous du calcaire d'eau douce blanc du Périgord.

*Route de Cahors à Tournon.* — De Cahors on monte sur le plateau de La Capelle et de Trespoux, formé par le terrain jurassique supérieur à *Exogira virgula*, *Pholadomya acuticosta*, *Trigonia*, etc., qui porte encore La Roque et Bournaguet ; mais, à la maison dite La Gentillade, il y a une dépression remplie sur 10 mètres d'argiles rouges, à parties dures, vertes et rouges. A 1 kilomètre de là, en montant devant La Borde-Rouge, on trouve les argiles rouges qui ont 5-6 mètres, et par-dessus un calcaire d'eau douce mal stratifié, dur, rose, ayant 5 mètres, puis des calcaires marneux verdâtres sur 15 à 20 mètres, et enfin des marnes vertes sur le plateau devant Coulombié. En descendant peu après sous Les Salles, il y a sur au moins 15 mètres d'épaisseur de grosses masses de calcaire d'eau douce à grains de quartz, et plus bas on retrouve les argiles rouges par places. La plaine qui suit est formée par ces mêmes calcaires devenant irrégulièrement argileux, verdâtres ou roses et blancs autour du Sauzet. Mais les collines de Villesèque qui s'élèvent par-dessus sont de marnes verdâtres avec des couches de calcaire marneux blanchâtre à la partie supérieure; il en est de même de la butte de Bartillou, de la longue crête au N.-E. de Bagat, et de la colline du Poujol. Dans celle de Bovilla, composée de même, il y a des bancs calcaires assez durs au sommet. De là à Saint-Mâtre et Tournon, les calcaires d'eau douce inférieurs cessent, les marnes passent à des mollasses fines d'abord, grossières ensuite, qui augmentent graduellement d'épaisseur, ainsi que les calcaires d'eau douce qui les surmontent. — Dans cette coupe, les argiles rouges du bas Quercy s'associent d'abord à des calcaires d'eau douce, passent à des marnes, puis à des mollasses placées sous des calcaires d'eau douce; et dans cette localité, les deux assises ne sauraient être rapportées qu'à la *mollasse du Fronsadais* et au *calcaire d'eau douce blanc du Périgord.*

3° M. Coquand place dans les terrains tertiaires supérieurs les sables, les galets siliceux et les argiles rouges de la Saintonge, qui forment la grande bande qui s'étend de Talmont jusqu'à Saint-André-de-Cubzac, ainsi que ceux qui existent sur la rive gauche de la Garonne dans la Lomagne et le Médoc, et il croit établir l'identité et le synchronisme de ces dépôts. Je persiste à soutenir, et je vais démontrer maintenant, que dans cette partie de l'Aquitaine il y a des dépôts d'argiles, de sables et de cailloux d'âges fort différents, quoique minéralogiquement identiques.

Les sables de Royan, que l'on rapporte au terrain à Nummulites, sont grossiers, jaune verdâtre, renferment de petits cailloux de quartz, et ont par places la plus grande ressemblance avec ceux de la Saintonge et du Périgord.

Il y a des dépôts entièrement semblables, qui sont incontestablement parallèles au calcaire grossier éocène. A Blaye déjà, les bancs inférieurs du calcaire renferment des cailloux pisaires de quartz; lorsqu'on se dirige vers Saint-Ciers-Lalande, le calcaire grossier devient un poudingue à cailloux de quartz avellanaires, réunis par un ciment de calcaire grossier coquillier. Sur la route de La Rochelle, aux perrières (carrières) de Jollet, on voit un calcaire grossier tout semblable, reposant sur des couches argileuses et sableuses vertes et rouges, renfermant des cailloux et de grandes huîtres. En avançant jusqu'à Pontet, à 1 kilomètre plus au N., on voit les couches du calcaire grossier diminuer graduellement d'épaisseur et venir mourir dans les sables, les argiles et les cailloux qui se continuent sans la moindre interruption avec ceux de Mirambeau et de toute la Saintonge, que M. Coquand veut rapporter au terrain pliocène, mais qu'à juste raison, je crois, on doit rattacher au terrain éocène.

En allant de Saint-André-de-Cubzac à Montlieu, sur la grande route de Bordeaux à Paris, on voit au sommet de la route, à 2 kilomètres du premier bourg, la mollasse du Fronsadais, inférieure au calcaire grossier de Saint-Macaire, renfermer de nombreux cailloux nuçaires de quartz. Plus loin, près de Chierzac, les tranchées de la route montrent des alternances de mollasse et de poudingues, possédant encore la teinte verte des mollasses; ce n'est qu'en se rapprochant de Montlieu que les sables à cailloux prennent décidément la teinte rouge et passent ainsi aux *sables du Périgord*. Nul doute pour moi, comme pour MM. Dufrénoy, Delbos, etc., que ces dépôts à cailloux ne fassent partie de la mollasse.

De Blaye à La Réole, par Saint-André-de-Cubzac et Créon, au sommet des coteaux et sur leurs pentes, il y a, jusqu'à une distance de la vallée qui dépasse 1 à 2 myriamètres, un dépôt qui repose transgressivement sur presque toutes les assises tertiaires. Ce dépôt a été généralement considéré comme le représentant du sable des Landes, et on l'a désigné sous le nom de sable de l'Entre-deux-mers; mais comme il se représente sur la rive opposée de la vallée de la Garonne avec les mêmes caractères, au-dessus du sable des Landes, dont il se sépare aussi nettement que des autres assises tertiaires, je n'ai pas cru pouvoir le rapporter à autre chose qu'au diluvium.

De ce que je viens d'exposer, il me semble résulter incontestablement que, dans ce que M. Coquand appelle sables tertiaires supérieurs de la Saintonge, il y a (exception faite des sables de Royan) trois assises d'argiles et de cailloux, parfaitement distinctes par leur position géologique, quoique fort analogues par leurs caractères minéralogiques. Ces derniers suffisent-ils pour qu'on englobe tous ces sables dans la même assise? Peu de géologues bien certainement se prononceront pour l'affirmative.

4° Quant à la position des minerais de fer du Périgord, par rapport à la mollasse du Fronsadais, c'est dans les environs de

Tournon , explorés cependant avec tant de soin par M. Coquand, que j'ai vu l'un des plus beaux exemples de superposition, celui qui a achevé de me déterminer à adopter l'opinion des géologues cités précédemment. D'une part, Tournon est sur la mollasse friable, prolongement vers l'E. de celle du Fronsadais, qui repose directement sur le terrain jurassique bouleversé, et qui est recouverte par le calcaire d'eau douce dont j'ai parlé ci-dessus et que j'ai dit être au-dessous du calcaire grossier de Saint-Macaire , La Réole , etc. D'autre part. les coteaux de la rive droite de la vallée du Lot, autour de Libos, sont formés par les sables grossiers rouges du Périgord, qui, à peu de distance, renferment les minerais de fer des bords de la Lémance. La route qui conduit de l'un de ces deux bourgs à l'autre montre parfaitement la relation de ces deux systèmes de roches; en partant de Libos on passe d'abord dans la plaine diluvienne, puis on monte jusque vers La Teule sur la pente du coteau formée par le terrain jurassique en couches diversement inclinées. En redescendant de quelques mètres, à partir de cette ferme, on voit par-dessus, sur 2 à 3 mètres, des argiles rouges et blanches, passant par places à des sables rouges qui renferment des rognons de grès grossier ferrugineux et de fer hydroxydé arénifère. Par-dessus, en remontant, on voit sur 15 mètres une mollasse verdâtre, un peu solide par places, qui est la partie inférieure de celle qui forme les deux hautes collines de Najejouls et de Puycalvary. En descendant au ruisseau qui est au N. de Tournon et en remontant à ce bourg, on n'aperçoit plus trace de sable ferrugineux et la mollasse repose directement sur le terrain jurassique. — A Tournon il y a donc, sur la rive gauche du Lot, à la base de la mollasse éocène du Fronsadais, des argiles et des sables grossiers ferrugineux, absolument semblables à ceux qui sont en regard sur la rive droite. Pour ma part, je n'ai trouvé et je ne trouve encore aucun motif qui puisse empêcher de les croire contemporains.

Ce qui existe sur la route de Libos à Tournon confirme ce qui est exprimé graphiquement par M. Drouot pour Paulhiac et Fumel dans ses coupes 4 et 5 (1). Et à ce sujet je ne sais sous l'empire de quelle préoccupation M. Coquand a encore lu le mémoire de M. Delbos, et écrit que « les coupes nombreuses » citées par MM. Dufrénoy et Delbos, et récemment par » M. Raulin, dans tout le bassin de l'Aquitaine, n'ont jamais

---

(1) *Annales des mines*, 3ᵉ série, t. XIII, pl. I. 1838.

» établi le recouvrement des dépôts (ferrifères) qui nous occu-
» pent par des couches plus récentes et subordonnées. » M. Delbos établit précisément le contraire en deux endroits de son
mémoire (1) tant en reproduisant la coupe si concluante de
Beaumont donnée par M. d'Archiac (2), qu'en donnant plusieurs coupes prises à Lanquais par M. Des Moulins.

Relativement aux « couches d'argile jaunâtre mélangée de
» nodules ou de grenailles de minerais de fer terreux, composé
» de couches concentriques », observées dans les bois de Mouchan par M. Dufrénoy, et rapportées par lui au terrain tertiaire
supérieur, je n'ai nullement hésité non plus à les ranger dans
ce même étage, après avoir vu dans les environs de ce village
d'autres dépôts analogues reposer sur des calcaires d'eau douce
jaunâtres, entièrement semblables à ceux d'Auch, dont ils sont
le prolongement; il en a été de même pour les dépôts avec
quelques lits ferrifères des environs de Lembèye dans le Béarn.
Il y a enfin dans le sable des Landes des rognons ferrugineux
à la montée de la route de Mont-de-Marsan à Saint-Sever; le
minerai de fer y est exploité incontestablement dans bon nombre
de localités, sur les bords du bassin d'Arcachon, à Sabres, etc.
Le sable des Landes ne peut guère être classé ailleurs que dans
le terrain pliocène, puisqu'il est supérieur aux faluns et aux
calcaires d'eau douce les plus récents de l'Aquitaine.

Dans le S.-O. de la France les minerais qui proviennent des
divers étages ont chacun des propriétés particulières bien
tranchées, qui ne permettent pas de les confondre entre eux.
Ceux de l'étage supérieur, dans les Landes, donnent un fer
tellement cassant, que les maîtres de forges, malgré la distance,
n'hésitent nullement, pour améliorer leurs produits, à faire venir
du minerai du Périgord, qui lui au contraire donne un fer de
très bonne qualité.

Enfin les dépôts caillouteux des coteaux qui bordent la vallée
de la Garonne renferment aussi des poudingues ferrugineux,
principalement sur la rive droite, dans l'Entre-deux-mers,
entre La Réole et Bordeaux. Comme ces dépôts, d'une part,
reposent transgressivement sur tous les dépôt tertiaires, même
sur le sable des Landes, et, d'autre part, s'écartent peu de la
vallée de la Garonne, je ne crois pas qu'on puisse les rapporter

---

(1) *Mém. de la Soc. géol. de France*, 2ᵉ série, t. II, p. 255 et
289. 1847.
(2) *Ann. des sc. géol*, t. II, p. 129. 1843.

à autre chose qu'au diluvium. Les argiles ferrugineuses signa-
lées par M. Jouannet à Terre-Nègre, près Bordeaux, se rapportent à cette même division.

Quant au nom d'*alios*, il est donné, dans les Landes, aux
roches solides assez souvent ferrugineuses qui sont voisines de la
surface; tantôt ces roches dépendent du sable des Landes;
tantôt, au contraire, elles appartiennent incontestablement au
diluvium.

Dans le bassin tertiaire de l'Aquitaine, il y a pour moi,
comme on voit, des dépôts ferrugineux appartenant à plusieurs
étages bien distincts, absolument comme dans le bassin de
Paris où il y en a dans l'argile plastique, le grès de Beauchamp,
le grès de Fontainebleau et le terrain d'eau douce supérieur.
Ce sont : 1° ceux de Tournon qui forment la base de la mollasse
éocène du Fronsadais et auxquels il me semble impossible de ne
pas rapporter ceux des bords de la Lémance, dans le Périgord;
2° ceux des Landes qui appartiennent très probablement au
terrain pliocène et auxquels on doit rattacher ceux de Mouchan
et de Lembèye; 3° enfin les poudingues ferrugineux de l'Entre-
deux-mers qui sont postérieurs et que je range dans le diluvium.

Les gîtes ferrifères de l'Aquitaine ne peuvent donc se rapporter à un étage unique, indépendant des étages tertiaires inférieur et moyen, le terrain pliocène. La superposition démontre qu'il y en a de plusieurs époques, les uns éocènes,
d'autres pliocènes et d'autres diluviens; l'uniformité de caractères minéralogiques ne peut servir de point de départ pour
leur identification et leur classification; peu de géologues du
moins seraient disposés à partager cette manière de voir. Quant
à moi, qui admets sans difficulté que des causes semblables ont
pu produire des effets semblables à diverses reprises, il m'est
impossible de partager les opinions exclusives de M. Coquand.

M. Coquand, en parlant de la distribution de son terrain ferrifère unique, cite deux phrases de mon *Essai*, pour les criti-
quer ensuite. La première se rapporte bien à l'étendue superfi-
cielle des différentes assises, mais il s'est complétement mépris
sur le sens de la seconde, qui a seulement trait au mode de
formation du sable des Landes, ce qui est fort différent. Nulle
difficulté dans la distribution géographique des assises ne m'a
embarrassé, comme M. Coquand le suppose par suite de sa mé-
prise. Pour moi, dans la partie septentrionale du bassin de
l'Aquitaine, comme dans d'autres bassins géologiques, à mesure que dans la série des temps les dépôts s'accumulaient sur

le fond et sur les bords du bassin, les eaux se retiraient graduellement vers la partie centrale, et l'étendue du bassin diminuait.

Quant à considérer les dépôts ferrifères comme dépendant d'une nappe originaire unique dont ils ne seraient plus que des lambeaux, des témoins, je ne sais ni à quel âge se rapportent ceux qui, dans les régions du plateau central, atteignent jusqu'à 700 mètres d'altitude, ni s'ils n'ont pas été déposés dans des petits bassins isolés, analogues à ceux qu'on retrouve sur divers points de l'Auvergne, autour de la Limagne. Le dépôt cailouteux de La Plume, qui est à 218 mètres, n'est autre chose, pour moi, que le diluvium de la vallée de la Garonne. Quant aux sables des Landes, je ne sais ce que M. Coquand veut dire lorsqu'il leur attribue une hauteur moyenne de 20 mètres ; cette assise forme le long de la côte de l'Atlantique, derrière les dunes, une nappe élevée de quelques mètres seulement audessus de la mer, mais qui va en se relevant graduellement à l'E. vers l'intérieur du bassin ; à Mont-de-Marsan elle atteint 90 mètres ; à Gondrin elle est à 183 mètres ; et les dépôts qui la continuent vers le S.-E. atteignent 260 mètres dans les environs d'Auch, et plus de 800 mètres au S. de Lannemezan, au point où la Neste quitte la chaîne des Pyrénées pour entrer dans l'Aquitaine.

5° M. Coquand termine enfin en abordant la question paléontologique. Il commence par trouver que les lignites et les ossements de mammifères et de Tortues d'eau douce, qui existent dans les dépôts de La Grave, complètent la ressemblance qu'il a signalée avec les alluvions anciennes de la Bresse ; afin de mettre chacun à même d'en juger, il aurait bien dû dire que ces mammifères déterminés, successivement par M. Billaudel, il y a déjà plus de vingt ans, et par M. de Blainville, il y a quelques années à peine, ne sont autres que les *Palæotherium magnum, medium, crassum* et *minus* du gypse éocène de Paris. Puis pour compléter, dit-il, l'histoire de son terrain ferrifère, M. Coquand ajoute à la précédente faune celle à *Elephas primigenius* du dépôt superficiel de Soute, près de Pons (Charente), et celle des sables supérieurs à *Dinotherium giganteum* de Sansan, Simorre, Alan et Moncaup dans l'Armagnac. Et ce sont ces faunes que M. Coquand proclame identiques ! Et c'est après avoir fait un pareil amalgame qu'il vient m'accuser d'avoir reproduit, « pour le bassin de la Gironde et par rap-
» port aux sables et cailloux ferrifères, la même confusion

» qui pendant longtemps avait porté le plus grand nombre des
» géologues à ne voir dans les cailloux de la Bresse que le pro-
» duit des alluvions anciennes, mais postérieures aux terrains
» tertiaires ! »

J'ai l'intime conviction qu'à part lui, il ne se trouvera pas un
géologue, pas un paléontologiste, disposé à identifier ces différents dépôts, et à croire que les *Palæotherium* du gypse de
Paris, les *Dinotherium* d'Orléans et l'*Elephas primigenius* du
diluvium, ont vécu simultanément dans la période pliocène.
Tous au contraire s'accorderont certainement pour admettre
que lorsque les *Dinotherium* vivaient, les *Palæotherium* de
Paris n'existaient plus, et l'*Elephas primigenius* n'avait pas
encore fait son apparition, et pour repousser, par conséquent,
la classification toute systématique de M. Coquand. Ils n'ont pas
encore oublié qu'il disait lui-même en janvier 1848 que l'on
éviterait la confusion dans les classifications de terrains « en se
» laissant guider, non point par un caractère minéralogique,
» commun à plusieurs choses distinctes, mais bien par les ca-
» ractères de superposition et paléontologiques. » Ils préfére-
ront croire que les mêmes causes destructives, agissant sur les
mêmes roches à diverses reprises, ont pu produire des sables,
des graviers et des cailloux semblables à plusieurs époques successives ; et ils réputeront contraires à la vérité les alinéas 1, 2 et
4 du *Résumé* de M. Coquand.


Le secrétaire donne lecture de la note suivante, qui lui a
été adressée par M. Lory, chargé du cours de géologie à la
Faculté des sciences de Besançon.


*Note sur la présence et les caractères de la craie dans le Jura*,
par M. Ch. Lory.


Quelques uns des fossiles qui caractérisent, en Champagne
et en Normandie, les assises inférieures de la craie ont été ren-
contrés, il y a déjà plusieurs années, au pied du versant hel-
vétique du Jura, près de Neuchâtel et de la perte du Rhône.
Ils se trouvent dans un calcaire blanchâtre, crayeux, dont les
caractères minéralogiques sont ceux de la craie inférieure ou
moyenne de l'Aube, et qui évidemment appartient à la même
formation. Cependant je ne connais aucune publication qui ait
eu pour but de préciser les caractères de ce terrain et la manière

dont il a été affecté par les soulèvements jurassiques ; j'ignorais même l'existence de ces lambeaux de craie au pied de l'autre versant du Jura, lorsque j'eus l'occasion de constater l'existence de la même formation, parfaitement développée, dans une des vallées les plus hautes du Jura français, celle dont le centre est occupé par le lac de Saint-Point.

A 6 kilomètres de Pontarlier, un peu au-dessous du village d'Oye, la vallée du Doubs (850 mètres au-dessus du niveau de la mer) présente, sur la rive gauche, la disposition suivante :

Les couches jurassiques qui forment la voûte du Larmont plongent verticalement à peu près vers le S.-S.-E. ; avec elles se trouvent redressés, sans aucune discordance, le terrain wealdien (1), les diverses assises du terrain néocomien, le gault et enfin la craie, dont les couches redeviennent plus bas à peu près horizontales, dans le fond de la vallée et sous le village d'Oye lui-même. La figure ci-jointe montre la disposition affectée par ces diverses formations.

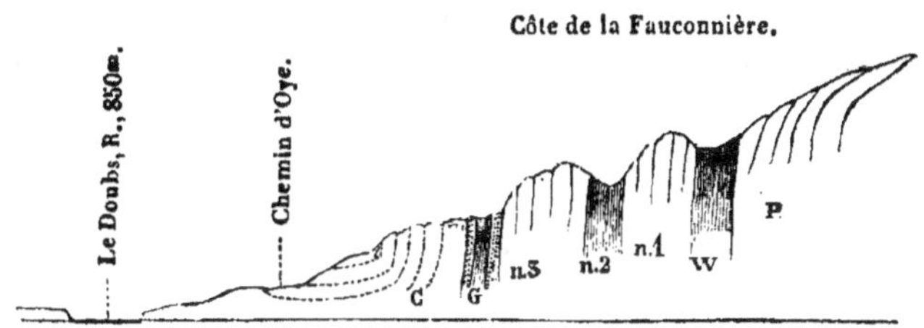


P, couches jurassiques supérieures, formant la voûte du Larmont ; elles se terminent par l'assise portlandienne bien caractérisée, sur laquelle repose toujours la série des terrains crétacés.

W, étage wealdien.

$n^1$ calcaires néocomiens inférieurs.

$n^2$, marnes bleues néocomiennes, ou marnes d'Hauterive.

$n^3$, calcaires néocomiens supérieurs.

G, gault, composé de trois assises, deux de grès vert, chacune de $1^m,5$ environ, séparées par une assise de marne bleue plastique de 8 mètres. Les deux couches de grès renferment les fossiles caractéristiques bien connus dans le gault de l'E. de la

----

(1) L'existence et les caractères de cette formation seront établis dans un mémoire que je communiquerai prochainement à la Société.

France, par exemple, les *Ammonites mamillaris*, Schlot., *Lyelli*, Leym., *Milletianus*, d'Orb., l'*Inoceramus concentricus*, *Avellana incrassata*, d'Orb., etc. La marne bleue est beaucoup moins riche en fossiles; on y trouve particulièrement des débris de Crustacés.

C, craie d'un blanc grisâtre, marneuse et verdâtre à sa base, contenant les fossiles caractéristiques de la craie inférieure et moyenne de Rouen et de l'Aube. Ses couches, parfaitement nettes, sont verticales comme celles de toutes les formations précédentes; mais elles se recourbent vers le bas de la côte, de manière à devenir presque horizontales au fond de la vallée. L'ensemble de celles que l'on peut étudier ici présente une puissance d'au moins 50 mètres.

C'est d'abord, sur 10 mètres environ d'épaisseur, une craie marneuse, d'un gris verdâtre, tendre, ne contenant qu'un assez petit nombre de fossiles, en particulier l'*Ammonites Rothomagensis*, Defr.? puis, 6 à 7 mètres d'une craie dure, jaunâtre, un peu ferrugineuse, avec un grand nombre d'Inocérames, qui paraissent se rapporter à l'*I. cuneiformis*, d'Orb.? Cette espèce, du reste, est répandue dans toute l'épaisseur de la formation. Une nouvelle assise de craie grise, marneuse, de plusieurs mètres d'épaisseur, vient ensuite et passe enfin à une craie plus pure, plus consistante, d'un blanc grisâtre, qui conserve son aspect sur une puissance d'environ 30 mètres.

C'est dans cette assise supérieure que les fossiles sont le plus variés : outre les Inocérames qui continuent à y abonder, on y rencontre spécialement les espèces suivantes : *Turrilites costatus*, Lamk.; *Ammonites varians*, Sow.; *A. Mantelli*, Sow., var. *Gentoni*, Brongn.; *Pleurotomaria formosa*, Leym.; une Huître indéterminée, des Échinodermes dont je n'ai que de mauvais exemplaires et dont un seul est déterminable, le *Holaster subglobosus*, Ag. Ces espèces sont précisément, comme l'on voit, celles qui caractérisent les assises inférieures et moyennes de la craie dans le département de l'Aube et en Normandie.

Les caractères pétrographiques de la craie du Jura sont aussi ceux que M. Leymerie assigne à la craie de Champagne. On n'y trouve pas de silex, mais une grande abondance de concrétions ferrugineuses, à texture radiée, sous forme de boules ou de cylindres mamelonnés ou hérissés à l'extérieur. Ces concrétions sont sans doute pyriteuses dans leur état primitif; mais il est assez rare de les rencontrer telles ; dans presque toutes le sulfure de fer a été remplacé par du peroxyde hydraté.

En partant de la localité que nous venons de décrire, on peut suivre la craie en remontant le Doubs jusqu'au lac de Saint-Point; elle forme la berge occidentale de ce lac aux villages des Grangettes et de Saint-Point, où l'on peut constater, de même qu'à Oye, sa superposition au gault et au terrain néocomien; l'inclinaison des couches y est seulement beaucoup moins forte ; mais il y a toujours une concordance entre toutes les formations, depuis le terrain jurassique jusqu'à la craie inclusivement.

La vallée de Saint-Point est la première vallée du haut Jura où j'aie rencontré la craie, et je crois pouvoir affirmer que cette formation ne peut être retrouvée que sur un très petit nombre de points du Jura. Toutefois il en reste encore des traces dans le val de Morteau, comme me l'ont démontré quelques fossiles recueillis par M. Chopard, entre autres des Inocérames et le *Turrilites costatus.* D'un autre côté, on peut l'observer avec tout son développement sur des points déjà plus rapprochés du bassin de Paris, dans la vallée de l'Ognon, sur la limite des départements du Doubs et de la Haute-Saône.

J'ai constaté, en effet, dans cette vallée, l'existence de deux massifs crétacés assez étendus, l'un au village de Montcley, l'autre entre Auxon et Voray. Les caractères de la craie, sa puissance, sa superposition au gault et sa concordance avec les terrains néocomien et jurassique subsistent dans ces localités tels qu'ils sont dans le val de Saint-Point. A Montcley et à Auxon la craie se rencontre au pied d'une faille, en contact dans la première localité avec l'étage corallien, dans la seconde avec la partie moyenne de l'oolithe inférieure ; et, comme cela arrive ordinairement dans le Jura pour les couches qui forment le pied d'une faille, la craie a éprouvé sur ces deux points des bouleversements fort compliqués; les couches y sont beaucoup plus brisées qu'elles ne l'ont été à Oye par le mouvement qui les a redressées jusqu'à la verticale.

La craie de la vallée de l'Ognon présente le même facies et les mêmes fossiles que celle du val de Saint-Point : l'*Inoceramus cuneiformis,* d'Orb.? est toujours l'espèce la plus abondante. Outre la plupart des fossiles cités à Oye, j'ai trouvé encore à Montcley le *Scaphites æqualis,* Sow., vers la partie inférieure de l'étage, et un *Spondylus,* à la partie supérieure, dans des couches qui probablement n'existent plus à Oye et à Saint-Point.

Enfin, dans la vallée basse du Doubs, M. Pidancet vient de constater, à ma prière, l'existence d'un petit lambeau de craie, au-dessus du gault de Rozet, près des célèbres grottes d'Osselles.

On voit donc en résumé :

1° Que sur les deux flancs du Jura (vallées basses de l'Ognon et du Doubs, environs de Neuchâtel), et aussi dans ses plus hautes régions (vallées de Saint-Point et de Morteau), on retrouve les assises inférieures et moyennes de la craie avec des caractères tout pareils à ceux qu'elles ont dans le département de l'Aube ;

2° Que sur les différents points où elle se rencontre, la craie du Jura a participé aux mêmes mouvements que le gault et le terrain néocomien, qui eux-mêmes sont toujours en stratification sensiblement concordante avec le terrain jurassique.

A cet égard, je dois faire remarquer que sur les divers points où j'ai observé la craie, toujours fortement bouleversée, les directions des accidents qui l'ont affectée se rapportent à quelques uns des derniers systèmes de soulèvements : ainsi les deux failles de Montcley et d'Auxon ont une direction de l'O.-S.-O. à l'E.-N.-E., à peu près parallèle aux Alpes orientales ; c'est aussi suivant cette direction que les couches de la craie sont redressées verticalement à Oye. A Saint-Point, au contraire, elles se relèvent sur le flanc d'une chaîne qui court vers le N. 28° E., et se rapporterait par conséquent au système des Alpes occidentales.

D'après l'identité de leurs caractères et de leurs fossiles, la craie du Jura et celle de l'Aube appartiennent très probablement à une même formation, déposée dans un même bassin ; c'est une formation marine, de faciès subpélagique, succédant à la formation fluvio-marine du gault ; elle indique un approfondissement général de la mer, une grande uniformité dans les conditions du dépôt et dans les circonstances biologiques, sur des points où il n'en était pas de même aux époques précédentes. Ainsi, le gault de la Haute-Saône et du Doubs diffère notablement de celui de la perte du Rhône ou du val de Travers ; le terrain néocomien de la Champagne, celui de la Haute-Saône et de la partie basse du Doubs, celui de Neuchâtel et du haut Jura, ont chacun leur faciès particulier et ont été déposés dans

des eaux de profondeurs très différentes : le dépôt de la craie
conserve uniformément les mêmes caractères dans toutes ces régions. Cette considération vient à l'appui d'une opinion que
nous avons formulée déjà, M. Pidancet et moi, et que nous
essaierons prochainement de mettre dans tout son jour : à savoir, que la configuration et le relief actuel du Jura dépendent
presque entièrement de révolutions postérieures au dépôt des
formations crétacées que l'on y rencontre, et qui ne sont jamais
en discordance sensible de stratification avec le terrain jurassique.

M. Raulin fait remarquer que les faits annoncés par M. Lory
ne prouvent point que la craie du Jura et celle de l'Aube aient
été déposées dans le même bassin.

---

*Séance du 24 septembre 1849.*

M. Hébert, secrétaire, rend compte, dans les termes suivants, de la course du jour :

La Société s'est proposé, dans sa première excursion, de
vérifier si les *sables moyens*, autrement dits de *Beauchamps*,
sont représentés aux environs d'Épernay, et de visiter les gise·
ments de calcaire lacustre et de sable blanc de Rilly, récemment
signalés dans la vallée de Romery (1). Elle a eu occasion de
parcourir à plusieurs reprises les divers termes de la série tertiaire inférieure ; aussi, pour mettre de l'ordre dans cet exposé
et éviter les répétitions, suivrai-je chacun de ces termes dans
les diverses localités où nous avons pu en faire l'étude aujour-
d'hui.

1° *Sables de Fontainebleau.* — Le sol des parties les plus
élevées de la contrée est formé par le calcaire lacustre de la
Brie, recouvert vers les sommités par quelques vestiges des
sables de Fontainebleau.

2° *Calcaire et marnes lacustres de la Brie.* -- Le calcaire
lacustre de la Brie, avec les marnes qui l'accompagnent, con-
stitue une assise très épaisse relativement aux autres assises ter-

---

(1) *Bull.*, 2ᵉ sér., t. V, p. 402, pl. V, fig. 6 et 7.

tiaires de la contrée, puisqu'elle m'a paru avoir au moins
30 mètres à Fleury-la-Rivière, dans le ravin de Montorgueil,
et à Nanteuil-la-Foire. Dans ces deux points la composition de
cette assise est la suivante, en allant de haut en bas :

|  | | Mètres. |
|---|---|---|
| 1° Meulières de Brie, en fragments, au milieu d'argiles bigarrées, environ. | | 6 |
| 2° Argile blanc jaunâtre, bigarrée. | | 3 |
| 3° Argiles avec bancs calcaires intercalés, remplis de Lymnées, Planorbes, etc. | | 12 |
| 4° Marnes grises et vertes. | | 5 |
| 5° Calcaire tendre, blanc ou grisâtre. | | 4 |
| | Total. | 30 |

Cette assise atteint, au S. de Damery, l'altitude de 240 mètres environ, et au N. l'altitude de 260 mètres : elle repose
immédiatement sur le calcaire grossier.

3° *Calcaire grossier.* — Dans toute la contrée, le calcaire
grossier se trouve à l'état de sable calcaire. Une sablière ouverte dans cette assise, derrière le village de Boursault, nous
a montré successivement le calcaire grossier inférieur, caractérisé par le *Cerithium giganteum;* le calcaire grossier moyen,
caractérisé par l'abondance des Miliolites et l'absence presque
complète d'autres fossiles, et le calcaire grossier supérieur, recouvert par les marnes, qui accompagnent le calcaire lacustre
de Brie.

Le calcaire grossier supérieur commence par une couche
très riche en petites espèces. Parmi celles que nous avons
recueillies on remarque les suivantes :

| | |
|---|---|
| *Corbula anatina*, Lamk. | *Venus scobinella*, Lamk. |
| — *nitida*, Desh. | — *obliqua*, Desh. |
| *Donax nitida*, Lamk. | — *puellata*, Desh. |
| — *Basterotina*, Desh. | *Cytherea deltoidea*, Desh. |
| *Cyrena cycladiformis*, Desh. | *Modiola sulcata*, Lamk. |

qui sont spéciales à cette couche, et quelques autres, comme :

| | |
|---|---|
| *Erycina elliptica*, Lamk. | *Avicula trigonata*, Lamk. |
| *Lucina gibbosula*, Lamk. | *Parmophorus elongatus*, Lamk. |
| — *divaricata*, Lamk. | *Melania marginata*, Lamk. |
| *Cytherea elegans*, Lamk. | etc., etc. |

que l'on rencontre aussi dans d'autres couches, mais qui, associées aux précédentes, n'en constituent pas moins un ensemble remarquable. Ce groupe d'espèces généralement assez rares se retrouve, en effet, non seulement dans plusieurs autres points de cette contrée, notamment sur le chemin de Fleury-la-Rivière à Nanteuil-la-Fosse, à peu de distance des dernières maisons de Fleury, mais encore à l'autre extrémité du bassin de Paris, à Houdan, à la ferme de l'Orme et à Grignon, exactement dans la même position qu'il occupe à Boursault.

Viennent ensuite des couches qui représentent parfaitement le calcaire à Cérites ou *banc de roche* des environs de Paris ; les Cérites, en effet, y abondent et les espèces les plus remarquables, et en même temps les plus caractéristiques, sont les suivantes : *Cerithium serratum, echidnoides, marginatum, conoideum, interruptum, angulosum, hexagonum, labiatum, constrictum*, etc.

Là s'arrêtent les dépendances du calcaire grossier ; le tout comporte une épaisseur de 10 mètres environ.

Le ravin de Harty, de l'autre côté de la Marne, au-dessus de Damery, montre les mêmes couches sous une épaisseur un peu plus grande ; les couches inférieures y sont plus visibles. A la partie inférieure se trouve en abondance la *Crassatella tumida*, et aussi les *Echinolampas*, qui occupent un lit très mince, à la base du calcaire grossier.

Il n'est pas sans intérêt de remarquer que dans ce dépôt sableux, presque incohérent, qui représente le calcaire grossier dans le département de la Marne et qui en forme la limite orientale, la succession des fossiles est exactement et rigoureusement la même que dans les bancs solides de Gentilly et Vaugirard, savoir, à partir de la base :

1° Couche à *Echinolampas* et à *Crassatella tumida*.
2° Couche à *Cerithium giganteum*.
3° Couche à *Miliolites*.
4° Couche à *Cerithium serratum, angulosum*, etc.

Au-dessus de ces couches devrait se placer la couche à *Cerithium lapidum*; ce fossile, dans toute l'étendue du bassin de Paris, fournit un horizon remarquablement constant. Il manque en général aux environs d'Épernay; le seul point où nous le connaissions est une sablière située à l'E. de Damery, sur la lisière du bois de Saint-Marc, et que la Société a visitée aujourd'hui. La couche la plus supérieure du calcaire grossier en cet endroit, celle qui est immédiatement recouverte par des marnes que l'on a constamment rapportées au calcaire de Brie qui les surmonte, contient en effet en grande quantité la variété *c*, Desh., du *Cerithium lapidum*. Le type ou le *Cerithium lapidum* à tours ronds ne s'y trouve point. Or ce *Cerithium lapidum* à tours ronds occupe dans le centre du bassin de Paris un niveau un peu supérieur à celui où l'on observe les variétés; il commence une série de couches de calcaires compactes ou celluleux, de marnes et de sables, qui ont beaucoup de caractères d'un dépôt d'eau douce, et que l'on a désignées sous le nom de *caillasses*. Toute cette série, qui est inférieure aux sables de Beauchamps, manque donc aussi bien que ces derniers sur le bord oriental du calcaire grossier.

La Société a constaté que le calcaire grossier disparaissait à peu près à la limite des territoires de Damery et de Cumières; il vient se terminer sur des sables sans fossiles et très épais, qui vont en s'élevant graduellement à mesure qu'on s'avance vers l'E. Déjà à Hautvillers, derrière le moulin, ils atteignent une altitude de 195 mètres.

Il eût été fort intéressant d'examiner la surface de contact des marnes du calcaire de Brie avec le calcaire grossier, en raison de l'intervalle assez considérable qui a dû s'écouler pendant la période à laquelle correspondent les caillasses et les sables de Beauchamps. Malheureusement il n'existe aucune coupe qui montre cette ligne de contact, et je ne sache point qu'aucun géologue ait jamais pu l'observer.

*4° Sables sans fossiles.* — La Société a reconnu dans le ravin de Damery, immédiatement au-dessous du calcaire grossier, un lit de sable quartzeux à gros grains, sans fossiles, de 0^m,50 environ d'épaisseur, recouvrant une masse assez considérable de sable blanc, veiné de lits de marne brune ou bleue. Ces sables sont très visibles à la *Voie des vaches*, auprès du ravin de Damery, dans le vallon qui est au N. de Cumières, à Hautvillers, dans le ravin de Fleury-la-Rivière et dans beaucoup d'autres points de la contrée. Ils sont argileux et jaunâtres à la base et renferment des troncs d'arbres silicifiés en assez grande quantité. Des lits de marnes tantôt brunes, tantôt bleues ou noires, nuancent la masse de ce sable qui, à la partie supérieure, est beaucoup plus blanc. Ils ont une épaisseur assez constante, d'environ 8 à 10 mètres; ils reposent constamment sur les argiles à lignites, mais la couche qu'ils recouvrent paraît être celle à *Cerithium variabile* et *Cyrena cuneiformis*; en sorte que les 7 ou 8 mètres de sable quartzeux, marneux à la base et contenant des Térédines à la partie supérieure, que l'on observe au mont Bernon (1), correspondent parfaitement à ces sables sans fossiles, dont la position géologique est aussi exactement la même que celle des sables du Soissonnais, caractérisés par la *Cyrena Gravesii* et la *Neritina conoidea*, Desh.

5° *Lignites.* — La Société a eu occasion de voir les lignites plusieurs fois. Ils existent entre Vauciennes et Boursault et dans la vallée de Damery sur le chemin de Fleury. Dans cette localité il n'en reste qu'un lambeau éboulé, mais très reconnaissable par la présence du *Cerithium variabile* et de la *Cyrena cuneiformis*. Ils reposent sur des sables blancs qui appartiennent aux sables de Rilly, et que l'on exploitait autrefois en cet endroit. Cette superposition, que j'ai reconnue quelques jours avant la réunion de la Société, contredit ce que j'ai énoncé dans la notice lue à la Société géologique, dans la séance du 5 juin 1848, d'après les coupes que M. Dutemple avait eu l'obligeance de me fournir. De ces coupes (*Bull.*, 2ᵉ sér., t. V, p. 402, fig. 6 et 7) il résultait que le calcaire grossier reposait directement sur les sables de Rilly; les lignites l'en séparent (2). Cette rectification ne détruit, du reste, en rien les conclusions de mon mémoire. A partir de Damery, les lignites sont exploités à chaque pas, tout le long de la lisière de la forêt, au N. d'Épernay. Ils sont, comme nous l'avons déjà dit, à la base des sables argileux sans fossiles, qui se continuent avec des caractères sensiblement constants jusqu'au-dessus d'Aï; toutefois à Champillon ils deviennent beaucoup plus argileux; ils passent même à une

---

(1) *Bull.*, 2ᵉ sér., t. V, p. 399.

(2) M. Drouet (*Bull.*, 1ʳᵉ série, t. VI, p. 297) avait déjà parfaitement établi l'existence des argiles à lignites, dans le ravin de Damery, entre le calcaire grossier et la craie.

argile schisteuse. A Aï, on retrouve au-dessus de la couche à *Cyrena cuneiformis* des couches beaucoup plus semblables à celles du mont Bernon, et entre autres la couche à *Teredina personata*, si riche en ossements de Tortues, de Crocodiles, etc.

6° *Calcaire lacustre inférieur et sable blanc.* — Le sable que l'on voit au-dessous des lignites, près de Fleury, est raviné et bouleversé, le calcaire lacustre qui devrait le recouvrir ne s'y voit point, mais à Romery (1) ces couches sont bien en place. Avant que l'on eût reconnu le sable blanc à Monchenot, c'était Romery qui en approvisionnait les verreries. Cette ancienne exploitation se trouve à un demi-kilomètre du village, près du chemin du hameau de Raday. Au-dessus du sable blanc se voit le calcaire lacustre, avec *Physa gigantea*, *Paludina aspersa* et tous les autres fossiles observés à Rilly.

J'ajouterai, en terminant, une observation que j'ai eu l'occasion de faire il y a deux jours au N.-O. de Cumières. La craie s'élève à 165 mètres au moins ; elle est ravinée jusque dans ses couches les plus supérieures. Or ces couches supérieures sont remarquables en ce qu'elles sont durcies par des infiltrations de carbonate de chaux, et qu'elles prennent par places l'aspect de calcaire compacte. Cette craie, ainsi durcie, ne s'écrase plus ; elle se brise en éclats sous le choc du marteau. Il m'a paru qu'il en était de même au-dessus de Damery dans le ravin. Mais les pans de la partie crayeuse du ravin sont taillés à pic ; l'observation directe y est difficile, ce qui m'a empêché, en outre, de bien me rendre compte des couches immédiatement superposées à la craie.

---

*Séance du mercredi* 26 *septembre* 1849.

M. Hébert, secrétaire, expose en ces termes les observations faites pendant les journées des 25 et 26.

La Société, qui avait parcouru tous les termes de la série tertiaire inférieure, a voulu examiner le calcaire pisoli-

---

(1) Cette localité a été citée par M. Rondot dans son *Étude géologique du pays de Reims* (*Ann. de l'Académie de Reims*, année 1842-43).

tique des environs de Vertus. En même temps elle a décidé qu'elle pousserait ses explorations jusqu'au *mont Août*, monticule de 221 mètres d'altitude, placé entre le mont Aimé et les buttes de Sézanne, et qui n'avait encore été visité par aucun géologue.

Partie d'Épernay à cinq heures du matin, la Société était à dix heures au mont Août. L'examen a été rapide, mais complet. Le *mont Août* est une butte de craie blanche, recouverte uniquement par la meulière de Brie. La craie s'élève à 210 mètres au moins au mont Août. A la partie supérieure on trouve le *Belemnites mucronatus*. La meulière y est en fragments nombreux et peu volumineux ; elle paraît avoir été remaniée sur place par les eaux, qui n'y ont point apporté de matériaux étrangers. M. Raulin, dans sa carte géologique du bassin de Paris, l'a coloriée comme étant entièrement de craie. Il y a donc là un fait nouveau qui n'est pas sans quelque importance, puisqu'il donne aux meulières de Brie une extension plus grande au S.-E. qu'à tout autre membre de la série tertiaire, y compris le calcaire siliceux, qu'il dépasse.

Il n'y a pas la moindre trace d'autre dépôt. Rien du calcaire pisolitique du mont Aimé. Rien du calcaire à végétaux de Sézanne. Au mont Août la craie est trop élevée pour que le calcaire à végétaux ou à *Physa gigantea* ait pu s'y déposer. A cette époque, elle était émergée en ce point, et si le calcaire pisolitique s'y est déposé, il n'a pu l'être qu'en couches fort minces, et il a été enlevé ensuite.

Du mont Août la Société s'est transportée au *mont Aimé* (1). Elle a examiné avec beaucoup de soin le *calcaire pisolitique* qui en forme le sommet. Il n'est en effet recouvert que par une couche peu épaisse de terre végétale avec fragments nombreux de meulière de Brie, remaniée par les eaux diluviennes. La Société a pensé que le calcaire pisolitique avait au mont Aimé une épaisseur de 30 mètres environ, ce qui donne à la craie sur laquelle il repose immédiatement, une altitude de 210 mè-

---

(1) Voir, sur le calcaire pisolitique des environs de Vertus, une notice de M. Viquesnel (*Bull.*, 1ʳᵉ série, t. IX, p. 296), où l'on trouvera beaucoup de détails intéressants.

tres, comme au mont Août. Il renferme de nombreuses empreintes de mollusques, des dents de Squales, des ossements de Crocodiles et de Tortues. M. de Verneuil y a recueilli une belle empreinte de poisson. En général, le contact entre la craie et le calcaire pisolitique est immédiat, et la première couche du calcaire pisolitique est remplie de silex de la craie empâtés dans le calcaire. Toutefois la Société a reconnu, à l'E. de la montagne, l'existence de l'argile noirâtre signalée par M. Viquesnel, et qui m'avait échappé lors de mon exploration de 1847 (*Bull.*, 2ᵉ sér., t. V, p. 392). Ce dépôt a paru à la Société être bien intercalé, soit entre le calcaire pisolitique et la craie, soit entre deux lits de calcaire pisolitique. Il est tout à fait local et ne s'observe pas dans les autres parties de la butte; il ne ressemble en rien aux lignites. Les corps organisés que les membres de la Société y ont recueillis sont en effet une petite Huître, des pointes de *Cidaris*, et des vertèbres de poisson, semblables à celles que l'on rencontre entre les bancs solides du calcaire pisolitique. Il n'y a aucune trace de fossiles d'eau douce.

Le lendemain matin, la Société, qui avait passé la nuit à Vertus, a retrouvé le calcaire pisolitique au plateau de la Madelaine; sa superposition immédiate sur la craie n'a pas paru douteuse. Mais sur ce point le calcaire est recouvert par des sables quartzeux à gros grains, contenant des lits minces de grès ferrugineux subordonnés, au-dessous desquels sont souvent une argile alumineuse noire, sans fossiles, et des couches plus inférieures non visibles, qui recouvrent immédiatement le calcaire pisolitique. Je regrette que la Société n'ait pu visiter Sézanne; elle aurait été frappée de la grande analogie de ces sables avec ceux du plateau de la Madelaine; il est probable que les sables de Sézanne, remarquables par le lit de Térédines qui les accompagne et les assimile nécessairement aux sables quartzeux à Térédines de Bernon et Aï, se trouvent liés à ces derniers par ceux du plateau de la Madelaine, et que l'argile noire qui est au-dessous est une dépendance des lignites (1).

_______________

(1) On verra que cette conclusion est confirmée par les observations faites à Verzenay et au mont Berru.

La partie culminante du plateau où se trouve le moulin est formée de meulière de Brie à l'état diluvien.

A 1 kilomètre de distance au N., les carrières de Vertus, ouvertes dans le calcaire pisolitique, présentent sensiblement les mêmes caractères que le mont Aimé. Les fossiles y sont les mêmes, seulement les débris de vertébrés y sont plus rares.

Le calcaire pisolitique descend, au-dessus de Vertus, à une altitude moindre que 200 mètres ; son altitude maximum, au plateau de la Madelaine, est au plus 230 mètres, puisque les sables atteignent 240 mètres, qu'il y a 8 mètres de sables et une épaisseur inconnue d'argiles. Or, si l'on continue à suivre le sommet de la falaise en marchant au N., on voit que le calcaire pisolitique se prolonge à 2 kilomètres environ de Vertus, et qu'il finit au bois de la Houppe où la craie s'élève au moins à 230 mètres, et contre laquelle par conséquent il se trouve adossé de la manière la plus incontestable (1). La partie la plus élevée de la falaise qui a, d'après la carte du Dépôt de la guerre, une altitude de 240 mètres, est formée de meulière de Brie.

La Société a remarqué dans le voisinage du contact du calcaire pisolitique et de la craie, des fragments d'un calcaire très compacte, sonore, qu'on n'eût certainement point rapporté à la craie, sans la présence bien constatée dans ces fragments du *Catillus Cuvieri* de Meudon. M. de Verneuil a fait observer que cette craie compacte était tout à fait analogue à la craie d'Irlande, et à la craie *castine* de Château-Landon. C'est d'ailleurs la même craie compacte que j'avais déjà observée à Cumières. Au premier abord on la croirait siliceuse, mais l'analyse démontre qu'il n'y a sensiblement que du carbonate de chaux ; la silice, si elle existe, ne s'élève pas à plus de 1 ou 2 millièmes. Il ne s'y trouve point non plus de magnésie.

Au N. et au N.-E. du bois de la Houppe, la craie s'enfonce sous les couches tertiaires dont l'épaisseur devient plus considérable. Le calcaire pisolitique n'existe pas de ce côté ; peut-être a-t-il été enlevé par la dénudation, mais peut-être aussi la craie s'élevait-elle à la hauteur où on la voit au bois de la

---

(1) Ce fait avait été reconnu par M. Wild. (*Études géologiques du pays de Reims*, par M. Rondot, p. 11.)

Houppe ; dans les deux cas, c'est à une dénudation que les dépôts tertiaires doivent d'avoir pu s'effectuer dans cette contrée.

En se dirigeant vers la vallée de Grauves, la Société a constaté successivement au-dessous des meulières de Brie : 1° le calcaire siliceux en épaisseur considérable et donnant lieu à de belles falaises ; 2° le sable argileux, sans fossiles, identique avec celui de Hautvillers et de Cumières ; 3° les lignites, qui sont là, comme partout dans la contrée, au-dessous de ces sables. La cendrière d'Oger, située au commencement de la vallée de Grauves, offre, indépendamment des fossiles ordinaires des lignites, de belles empreintes végétales.

Ainsi la meulière de Brie, qui recouvre la craie au mont Août et au bois de la Houppe, les sables inférieurs au mont Aimé, le calcaire pisolitique au plateau de la Madelaine, dépassaient le calcaire siliceux sur le bord oriental du bassin parisien.

De la cendrière d'Oger, la Société s'est dirigée sur Avize, en allant rejoindre le chemin de Grauves à Avize. Elle a visité, en passant, de belles carrières de calcaire siliceux exploité pour travaux d'art, et aussi homogène, d'un grain aussi fin que celui de Château-Landon.

A peu de distance se trouve une exploitation de meulières. Les blocs y sont très beaux, et l'on y fabrique des meules de la taille de celles de la Ferté-sous-Jouarre.

A 3 kilomètres au N. d'Avize se trouve le mont Sarrans, où les lignites sont exploités sur une grande étendue à l'E. et à l'O. Les exploitations de l'E. ont présenté plusieurs coupes, d'où il résulte que le calcaire siliceux existe au mont Sarrans, que les sables quartzeux à Térédines, de Sézanne, de Bernon, n'y existent point (1). Les couches les plus élevées du système des lignites qu'on puisse y apercevoir sont :

N° 1. { Marnes brunes. . . . . . . . . . . . . . .  0,40 } 1$^m$,20
       { Marnes panachées. . . . . . . . . . . . .  0,80 }

------

(1) A moins qu'ils ne soient cachés par suite d'un glissement des couches supérieures.

| | | |
|---|---|---|
| N° 2. | Couche à *Cerithium turris* et *variabile*, etc., avec sulfate de chaux. . | 0,50 |
| | Lignite. . . . . . . . . . . . . . . . | 0,40 |
| | Couche à *Cerithium variabile*, etc. . | 1,30 |
| | Lignites et marnes avec *Cerithium variabile*. . . . . . . . . . . . . . | 3,00 |
| | Marne argileuse contenant peu de Cérites. . . . . . . . . . . . . . . | 1,30 |

6ᵐ,50

| | | |
|---|---|---|
| N° 3. | Couche à graines de *Chara* et marne calcaire. . . . . . . . . . . . . | 0,80 |
| | Couche à *Cerithium variabile*. . . . . | 0,30 |
| | Marne calcaire et lignite. . . . . . . | 1,00 |
| | Le dessous est invisible. | |

2ᵐ,10

Le n° 1 appartient aux 7ᵉ et 8ᵉ couches du mont Bernon dans la coupe que j'en ai donnée (*Bull.*, 2ᵉ série, t. V, p. 399). Le n° 2 représente les couches 9, 10, 11, 12, 13, 14, 15, 16. Cet ensemble a, au mont Bernon, une épaisseur de 4ᵐ,60, moindre par conséquent que celle qu'il présente au mont Sarrans. Le n° 3 représente les couches 17, 18, 19 et 20.

A l'O. de la montagne, les fossiles sont mieux conservés, et quelques exemplaires d'une Lucine que j'y ai recueillie m'ont fait voir que je ne m'étais point trompé dans l'observation que j'avais faite deux ans auparavant au mont Bernon, où j'avais vu en place des Lucines à la base des couches à lignites (*Bull.*, 2ᵉ série, t. V, p. 400).

La Société a pu se convaincre que le calcaire pisolitique n'existait nullement au mont Sarrans. Cette assertion erronée de MM. Duval et Meillet avait déjà été rectifiée en 1843 par M. Wild.

Les sables à Térédines et à Unios, examinés rapidement, à cause de la nuit qui approchait, à Cuys et à Chavot, la Société s'est rendue à l'invitation qu'elle avait reçue de M. Dutemple, que des affaires urgentes avaient empêché de prendre part aux excursions des journées précédentes. L'accueil le plus empressé et le plus affectueux l'attendait dans la maison de notre collègue. Après le dîner, M. Dutemple a généreusement mis à la disposition des membres de la Société les doubles de sa collection, et chacun a pu se munir de magnifiques Térédines et des ossements de Tortues et autres qui les accompagnent.

### *Séance du jeudi* 27 *septembre* 1849.

La séance est ouverte à huit heures du soir à Reims, dans l'une des salles de l'hôtel du Commerce.

M. Hébert, secrétaire, rend compte de l'excursion faite ce jour-là.

La Société, partie d'Épernay, a suivi sans s'arrêter la route de Reims jusqu'à Montchenot.

Là elle a reconnu, tant dans le chemin qui va de Montchenot à Sermiers, que dans la portion rectiligne de la grande route abandonnée et remplacée par un circuit moins rapide, l'exactitude des superpositions dont j'ai donné ailleurs (1) le détail, et que l'on peut établir de la manière suivante, savoir, au-dessous du calcaire d'eau douce :

    1° Sables et marnes sableuses sans fossiles. Je regarde ces sables comme représentant exactement les sables argileux de Cumières.
    2° Lignites.
    3° Sable blanc avec *Cyr. Deshayesi*, Héb.
    4° Marnes blanches correspondant au calcaire de Rilly.

Les fossiles des lignites ont été recueillis en abondance auprès de Rilly, au lieu dit les Voisillons; et l'épaisseur du calcaire lacustre et des sables blancs se voit parfaitement dans la grande exploitation de Rilly, dont voici la coupe :

    1° Lignites.
    2° Marnes et calcaires lacustres. . . . . . . . . . $5^m,66$
    3° Sable impur. . . . . . . . . . . . . . . . . . $0^m,33$
    4° Sable blanc pur. . . . . . . . . . . . . . . . $5^m,00$
    5° Sable impur avec cailloux et grès subordonné. $1^m,33$

                               Total. . . $12^m,32$

Un peu plus loin, en montant de Ludes sur le plateau qui domine ce village, on parcourt la série suivante de bas en haut :

---

(1) *Bull.*, 2ᵉ sér., t. V, p. 401 et 402.

1° Lignites.
2° Sables argileux sans fossiles.
3° Calcaire à Lymnées et Planorbes.
4° Calcaire marin (1).
5° Marnes.
6° Meulières de Brie.

Dans toute la partie de la montagne de Reims qui se trouve à l'E. d'une ligne tracée de Sermiers à Cumières, le calcaire grossier manque complétement. Cette ligne était sa limite orientale. Nous ne reviendrons plus sur ce point. Le calcaire à Lymnées, à Cyclostomes et à Planorbes représente, sans contredit, le calcaire siliceux de Saint-Ouen ; le calcaire marin représente les marnes marines de Montmartre, ainsi que l'a énoncé avec raison, et le premier, M. Raulin (*Bull.*, 1re série, t. XIV, p. 12); les marnes qui représentent les marnes vertes, et qui dans tout le plateau de la Brie supportent les meulières, recouvrent ici le calcaire marin ; les meulières terminent cette série.

On remarque que les couches marines ne sont point parfaitement isolées des couches d'eau douce. Au contact, il y a mélange, et l'on peut se procurer facilement des échantillons contenant à la fois des Cyclostomes et des Pholadomyes.

Pour donner une idée de la forme de cette couche marine, nous citerons ici les espèces que nous y avons recueillies :

1. *Clavagella coronata*, Desh. (déterminée par M. Deshayes).
2. *Crassatella*, identifiée à tort avec la *C. lamellosa*, Lamk.
3. *Corbula*, deux espèces.
4. *Psammobia*, n. sp.
5. *Pholadomya margaritacea*, Sow.
6. *Lucina*.
7. *Cytherea*.
8. *Venericardia*.
9. *Cardium*, non *C. porulosum*.
10. *Arca hyantula?* Desh.
11. *Chama*.
12. *Ostrea*.
13. *Anomia*.

---

(1) Signalé pour la première fois par MM. Arnould et de Pinteville (*Bull.*, 1re sér., t. XIV, p. 42).

14. *Calyptrea.*
15. *Cyclostoma.*
16. *Lymnæa longiscata*, Al. Br.
17. *Natica.*
18. *Turritella.*
19. *Cerithium.*
20. *Voluta.*
21. *Serpula.*

Indépendamment des genres précédents, M. Rondot (Notice, p. 30) cite les genres suivants :

| | |
|---|---|
| *Pectunculus,* | *Turbo,* |
| *Nucula,* | *Buccinum,* |
| *Modiola,* | *Miliolites,* |
| *Paludina,* | *Balanus.* |

Une détermination exacte de ces fossiles à l'aide de bons moules et de bonnes empreintes extérieures reste encore à faire.

---

*Séance du vendredi 28 septembre 1849.*

M. Hébert, secrétaire, rend compte de l'excursion de la journée.

La Société a exploité le matin le mont Berru, et le soir les environs de Châlons-sur-Vesle.

La constitution géologique du mont Berru est la suivante :

A une altitude absolue de 210 mètres, la *craie*, les couches qui la recouvrent immédiatement ne sont point visibles.

1° La première couche visible est caractérisée par une grande quantité de *Cyrena tellinella*, Desh. On y rencontre également les fossiles suivants : *Cyrena cuneiformis*, Desh.; *Melania inquinata*; *Melanopsis buccinoidea*, etc. L'épaisseur de cette couche ne nous est point connue ; au-dessus viennent successivement :

| | |
|---|---|
| 2° Lignites et argiles. | $5^m,00$ |
| 3° Argile noire avec très beaux cristaux prismatiques de chaux sulfatée. | $1^m,00$ |
| 4° Lignites. | $0^m,40$ |
| 5° Argile brune. | $1^m,00$ |
| 6° Sable et lits d'argile. | $2^m,00$ |
| 7° Argile noire. | $1^m,30$ |

8° Série de lits de sable et d'argile avec *cailloux roulés.* . . . . . . . . . . . . . . . . . . . . . . . 5$^m$,00
9° Sables jaunâtres. . . . . . . . . . . . . . . . . . 10$^m$,00

La montagne est couronnée par les meulières de Brie, dont l'altitude est de 267 mètres.

La *Cyrena tellinella*, Desh., nous paraît être supérieure aux couches ou abondent les *Cerithium variabile et turris*. Il y a donc très probablement, au-dessous des couches exploitées, une épaisseur assez considérable de lignites ; mais les exploitations s'arrêtent de préférence à la couche n° 2, où le lignite est à l'état de carbone presque pur sur une épaisseur de plusieurs mètres. Les couches qui sont au-dessous ne valent rien, disent les ouvriers, parce qu'elles renferment trop de coquilles. En évaluant à 15 mètres l'épaisseur totale des lits d'argile et de lignites qui existent au mont Berru, nous croyons être au-dessous de la vérité.

Les n°s 7 et 8 nous paraissent avoir beaucoup de ressemblance avec les couches observées au moulin de la Madelaine entre les meulières de Brie et le calcaire pisolitique.

Enfin, le n° 9 est la continuation des sables de Cumières.

Les n°s 8 et 9 représentent, selon nous, les sables quartzeux de Bernon et de Cuys, à Térédines et à Unios, et en même temps les sables à *Cyrena Gravesii* et à *Nummulina planulata* du Soissonnais. Ce rapprochement est confirmé par ces faits, que M. de Saint-Marceaux a trouvé au mont Berru la *Teredina personata* dans une couche sableuse, supérieure aux lignites (1), et que M. Lévesque a trouvé le même fossile à Cuise.

La butte de Châlons-sur-Vesle, qui est à l'entrée du village du côté de Reims, est composée des couches suivantes, qui se succèdent de bas en haut :

1° Sable coquillier. . . . . . . . . . . . . . . . . . . . . 13$^m$,00
2° Sable non coquillier et banc de grès. . . . . . 9$^m$,30
3° Lit d'argile. . . . . . . . . . . . . . . . . . . . . 0$^m$,25
4° Sable légèrement agglutiné sans fossiles, ayant l'apparence de grès tendre à la partie supérieure. . . . . . . . . . . . . . . . . . . . . . . 10$^m$,30

Total. . . 32$^m$,85

(1) Notice de M. Rondot, p. 20.

Le sol de Châlons-sur-Vesle , ayant une altitude d'environ 100 mètres, celle du sommet de la butte est comprise entre 130 et 135 mètres.

La figure 1 (pl. V) donne avec exactitude la coupe et le profil de ce monticule ; j'en suis redevable à l'obligeance de M. Chauveau, maire de Châlons-sur-Vesle.

Le sable coquillier de Châlons-sur-Vesle est très riche en fossiles marins ; il contient aussi des espèces d'eau douce. Quelques membres de la Société y ont recueilli des dents de squale.

A moins de 2 kilomètres de Châlons-sur-Vesle, entre Trigny et Chenay, les sables blancs de Rilly sont exploités à mi-côte. Le sable y est très pur, moins épais qu'à Rilly. Il est surmonté par des marnes calcaires semblables à celles de Sermiers ; les fossiles lacustres ne sont point apparents, mais leur identité géologique avec les marnes calcaires de Rilly n'est point contestable.

La Société a rencontré de nouveau ces sables blancs de Rilly dans le petit sentier qui monte de Châlons-sur-Vesle à Chenay en traversant les vignes, à peu près à égale distance de ces deux villages. Là, ils sont recouverts par une couche de 0$^m$,30 formée de débris de marne d'eau douce évidemment remaniés par les eaux qui en ont emporté la presque totalité.

Immédiatement au-dessus de cette couche, qui indique un phénomène de dénudation après le dépôt des sables et calcaire lacustre de Rilly, viennent les sables sans fossiles et légèrement agglutinés qui occupent la partie supérieure de la butte de Châlons-sur-Vesle ; l'épaisseur de ces sables est ici de 10 mètres.

Ce fait est important, en ce qu'il donne une preuve directe de la postériorité des sables marins de Châlons-sur-Vesle aux sables blancs et aux marnes lacustres de Rilly.

Actuellement, si de chacun de ces deux points, de l'exploitation de sable blanc de Chenay, ou du point où ces sables affleurent dans le sentier de Châlons à Chenay, on se dirige vers ce dernier village, on arrive, *en montant*, aux lignites que l'on traversait pour établir une conduite d'eau au moment où la Société parcourait cette contrée. L'altitude des

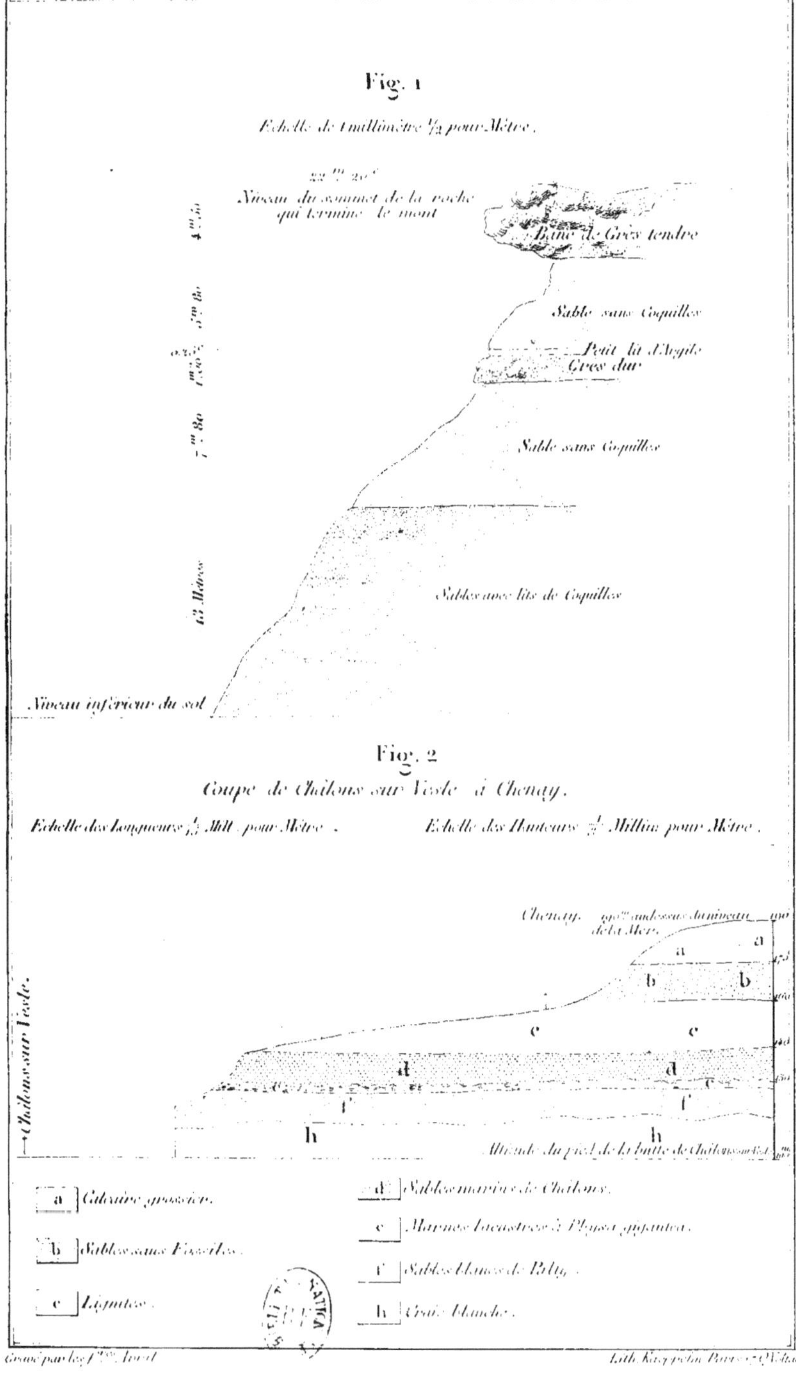
Fig. 1
Echelle de 1 millimètre ½ pour Mètre.
Niveau du sommet de la roche qui termine le mont
Banc de Grès tendre
Sable sans Coquilles
Petit lit d'Argile
Grès dur
Sable sans Coquilles
Sables avec lits de Coquilles
Niveau inférieur du sol
Fig. 2
Coupe de Châlons sur Vesle à Chenay.
Echelle des Longueurs ½ Mill. pour Mètre.     Echelle des Hauteurs 3 Millim pour Mètre.
Chenay.
Châlons sur Vesle.
Altitude du pied de la butte de Châlons
a   Calcaire grossier.
b   Sables sans Fossiles.
c   Lignites.
d   Sables marins de Châlons.
e   Marnes lacustres à Physa gigantea.
f   Sables blancs de Rilly.
h   Craie blanche.

lignites est évidemment plus grande que celle des marnes lacustres ou que celle des sables marins. Ils sont ensuite recouverts
par des sables sans fossiles, très épais, semblables à ceux du
mont Berru, de Cumières, etc.; et enfin le calcaire grossier inférieur termine le plateau dont l'altitude est de 189 mètres. Cette
coupe est représentée (pl. V, fig. 2).

Il résulte de ces faits les données suivantes :

1º Le sable marin de Châlons-sur-Vesle est postérieur au
sable de Rilly et aux marnes calcaires lacustres.

2º Il s'est déposé dans des dépressions résultant d'un ravinement qui a enlevé tantôt tout ou partie des marnes lacustres,
tantôt les marnes et les sables et même une certaine épaisseur
de la craie qui les supportait.

3º Il n'a point dépassé le niveau de la formation lacustre,
puisque celle-ci se trouve souvent immédiatement au-dessous
des lignites (Rilly, mont Chenot, etc.), et c'est seulement sur
les parties dénudées de cette formation que les couches supérieures des sables marins ont pu se déposer.

4º Les lignites sont postérieurs aux sables marins, dont
plusieurs fossiles ont continué à vivre pendant l'époque des
lignites et même pendant celle des sables de Cuise.

Je demande la permission, en terminant ce compte rendu,
de faire remarquer à la Société que les résultats intéressants de
cette excursion confirment littéralement les conclusions que
j'avais précédemment déduites de mes observations dans cette
contrée (1).

------

*Séance du samedi 29 septembre 1849.*

M. Hébert, secrétaire, rend compte de l'excursion du 29.

Notre collègue, le trésorier de la Société, M. Édouard
de Brimont, avait eu l'obligeance, il y a plus d'un an, de me
donner quelques échantillons des sables et grés qui reposent
sur la craie à la montagne de Brimont, et j'y avais reconnu
une empreinte de la *Cyprina scutellaria*, Desh., qui caracté-

------

(1) *Bull.* 2ᵉ série, t. V, p. 105, 106 et 107.

rise les *sables de Bracheux*. J'en avais conclu qu'à Brimont il y avait autre chose qu'à Châlons-sur-Vesle, où cette coquille n'a jamais été rencontrée, et j'ai été heureux de pouvoir aujourd'hui vérifier avec la Société la position de ce fossile remarquable.

La Société a été accueillie à Brimont par le grand-père de notre collègue, M. Ruinart de Brimont, dont la propriété embrasse une partie de la montagne.

La Société sait avec quel empressement, quelle affabilité on lui a fait les honneurs de cette matinée. Guidée par son hôte, dans le commencement de son exploration, puis par son fils et son petit-fils, elle a d'abord constaté que les sables reposent immédiatement sur la craie. La craie s'élève au moins à 137 mètres, car c'est là son altitude au *cran de Brimont*, mamelon latéral situé à l'E. du village. Toutefois elle ne doit pas s'élever bien au-dessus de ce niveau. La partie inférieure des sables est légèrement argileuse; l'eau qui filtre dans la masse sableuse s'y arrête, et M. Ruinart de Brimont, qui a montré dans tous ses travaux d'agriculture la plus grande perspicacité et le jugement le plus sain, a compris l'importance de ce filet d'eau dans une région qui en est totalement dépourvue; il en a réuni avec soin les éléments qui suintaient çà et là, et aujourd'hui son exploitation est suffisamment munie de cette précieuse ressource.

Nous avons pénétré dans le souterrain pratiqué pour recueillir cette eau, et nous avons reconnu que le sable argileux était rempli de coquilles la plupart bivalves, comme Pétoncles, Vénéricardes, Cythérées, Lucines, Huîtres, mais qu'il nous a été impossible d'extraire. La fragilité de ces coquilles est telle, elle est en outre tellement accrue par l'état constant d'humidité où elles se trouvent, qu'il faudrait beaucoup de temps et de soins pour en recueillir un certain nombre. Toutefois nous avons pu emporter comme pièces de conviction une grande valve de *Cyprina scutellaria*, Desh., et un fragment d'une *Astarte* fort remarquable.

Ces sables à *Cyprina scutellaria* sont visibles en plusieurs points; leur épaisseur varie; elle paraît être de 5 à 8 mètres; ils sont recouverts par un banc de grès à empreintes végétales, épais de 1 mètre, au-dessus duquel viennent les couches coquillières de Châlons-sur-Vesle. L'identité est complète; ce sont exactement les mêmes fossiles, le même sable. La partie supérieure de ces couches coquillières est, comme à Châlons-sur-Vesle, remplie de Turritelles. Au-dessus vient une masse puissante de sables sans fossiles qui représentent parfaitement les sables agglutinés de Châlons et de Chenay, et qui s'élèvent jusqu'au sommet de la butte où l'on rencontre à peine quelques traces des marnes, des lignites, et encore sans fossiles, et quelques cailloux des meulières de Brie à l'état diluvien.

Il est à remarquer que la partie inférieure des sables marins coquilliers s'élève, à la montagne de Brimont, à 40 mètres au moins au-dessus de son niveau à Châlons-sur-Vesle, sur une étendue de 10 kilomètres seulement.

La montagne de Brimont, qui n'avait jamais été décrite, mériterait une histoire plus complète; mais la Société a dû se contenter d'y avoir trouvé, si heureusement, la relation exacte des sables de Bracheux et de ceux de Châlons-sur-Vesle, qui, comme on vient de le voir, ne sont point tout à fait contemporains, mais seulement le commencement et la suite d'une même période.

En quittant Brimont, la Société s'est dirigée vers *Hermonville;* en traversant la route de Laon, elle a remarqué au lieu dit *Chauffour* les mêmes sables coquilliers et grès à empreintes végétales qu'à Brimont.

Cette assise est encore visible : 1° à *Villers-Franqueux*, dans l'intérieur du village; 2° auprès de *Toussicourt*, au bas du moulin de Villars, où les fossiles sont très abondants; 3° sur le chemin de Villers-Franqueux à Hermonville; 4° au N. d'Hermonville, en montant au moulin.

Dans cette excursion, les sables de Rilly ont été reconnus :

1° A Hermonville, au S.-O., au bas du chemin des carrières. Ce chemin a donné la succession suivante en allant de bas en haut.

> 1° Sable de Rilly (on ne voit pas les couches qui les recouvrent).
> 2° Sables sans fossiles.
> 3° Calcaire grossier glauconieux avec cailloux roulés comme à Valmondois.
> 4° Calcaire grossier proprement dit.

2° A Toussicourt, où ils sont recouverts par les marnes lacustres dans un mamelon qui n'offre point de couches plus récentes. L'altitude des sables de Rilly à Toussicourt nous a paru plus grande que celle des sables marins, qui n'en sont éloignés que de 5 ou 600 mètres.

A peu de distance de ce point, 1 kilomètre environ, près de la tuilerie de *Pouillon*, les lignites ont été exploités en grand à un niveau bien supérieur à celui des sables marins ou lacustres. Il est d'ailleurs évident que ces lignites sont le prolongement de ceux de Chenay qui n'en sont qu'à 1,500 mètres, comme aussi les sables marins et les sables lacustres sont le prolongement de ceux de Chenay et de Châlons-sur-Vesle. Les observations faites au N. et à l'E. du promontoire calcaire de Chenay confirment donc pleinement celles que la Société a eu occasion de faire au S. et à l'O. dans sa dernière excursion. En sorte que si l'on voulait donner à ces diverses couches les positions relatives qu'elles occupaient, dans cette contrée, à la fin du dépôt des lignites, il faudrait avoir recours à la figure suivante :



a Lignites.

b Sables marins de Châlons-sur-Vesle.

c Marnes et calcaire lacustres.

d Sables blancs de Rilly.

e Craie.

Une assise de sable veinée d'argile et sans fossiles sépare les lignites du calcaire grossier à la cendrière de Pouillon.

Il n'est pas sans intérêt de remarquer que le calcaire grossier, à partir de Chenay, prend une consistance qu'il n'avait pas sur les divers points de sa limite orientale, *Boursault*, *Cumières*, *Sermiers*, où il est à l'état de sable légèrement calcaire ; il en est de même si l'on descend plus au S., à *Orbais*, à *Montmirail*, et si l'on suit la limite occidentale à *Houdan*, *Mantes*, *Fontenay-en-Vexin*, *Parnes*, etc. Ce caractère constant, et qui manque maintenant dans toute la partie septentrionale du bord oriental du plateau tertiaire, semble indiquer que ce bord n'est pas de ce côté la véritable limite du calcaire grossier, que cette assise devait obliquer au nord-est, en s'appuyant au mont Berru qu'elle ne franchissait pas.

Si l'on étudie de plus près la composition du calcaire grossier tel qu'il se présente à Hermonville, par exemple, on est frappé de l'analogie très grande que cette assise offre en ce lieu avec le calcaire grossier des environs de Paris.

En effet, au-dessus des sables inférieurs sans fossiles viennent :

1° Le calcaire grossier inférieur, caractérisé par la *Nummulina lœvigata*, la *Venericardia planicosta*, le *Cerithium giganteum*.

2° Le calcaire grossier moyen à *Orbitolites plana*.

3° Le calcaire grossier supérieur caractérisé par les *Cerithium conoideum, echinoides, cristatum* et *lapidum, Melania lactea, Lucina saxorum*, etc.

4° Les *caillasses* représentées par une série de lits de calcaires marneux ou compactes, de silex, de marnes et d'argiles dont l'épaisseur totale est de 6 à 7 mètres.

Nous avons retrouvé la même série de couches sur le chemin de Trigny à Prouilly, en sorte que l'existence des caillasses au-dessus du calcaire grossier supérieur, ou *calcaire à Cérites*, nous paraît aussi évidente dans cette contrée, à l'ouest d'une ligne tirée d'Hermonville à Trigny, qu'elle l'est aux portes de Paris.

Quant aux sables de Beauchamps, ils n'existent point à Hermonville ; dans certaines descriptions on a confondu les couches sableuses du calcaire grossier supérieur avec les sables de Beauchamps. Le temps n'a point permis à la Société de reconnaître la limite orientale de cette assise ; d'après la carte de M. Raulin, cette limite paraît devoir être une ligne tracée de Montchâlons, près Laon, à Châtillon-sur-Marne près Dormans, par Beaurieux-sur-Aisne.

*Séance du dimanche 30 septembre 1849, à Épernay.*

Compte rendu par M. Hébert, secrétaire, de l'excursion de ce jour.

La Société s'est dirigée de Reims à Verzenay, se proposant de parcourir le revers oriental de la montagne de Reims.

Verzenay offre une belle coupe des couches tertiaires; la Société l'a prise approximativement, le temps ne lui ayant point permis de se livrer à un travail tout à fait rigoureux. Voici cette coupe à partir de la craie.

|  |  |  |
|---|---|---|
|  | 1° Craie. |  |
| Assise des lignites. | 2° Sable rouge quartzeux, analogue à celui de la butte du Moulin de la Madeleine, près de Vertus; au moins. . . . . . . | 10ᵐ,00 |
|  | 3° Le même sable, quelquefois agglutiné, avec Néritines, *Cerithium variabile*, *Cyrena cuneiformis*, et une nouvelle espèce de Cyrène, très remarquable par de fortes stries régulières, parallèles aux bords, qui en couvrent la surface. . . | 3ᵐ,00 |
|  | 4° Marnes noires et lignites. . . . . . . . | 3ᵐ,50 |
|  | 5° Marnes, sables et grès, par lits intercalés. | 4ᵐ,00 |
| Assise des sables sans fossiles | 6° Sables jaunes ou blancs. . . . . . . . . | 8ᵐ,00 |
|  | 7° Argile sableuse blanche. . . . . . . . . | 4ᵐ,00 |
| Étage lacustre de la Brie. | 8° Marnes verdâtres et bigarrées. . . . . . | 4ᵐ,00 |
|  | 9° Marnes blanches calcaires. . . . . . . . | 1ᵐ,00 |
|  | 10° Calcaire d'eau douce avec Lymnées et Paludines. . . . . . . . . . . . . . . Calcaire marin avec Pholadomyes, etc. | 3ᵐ,00 |
|  | 11° Marnes. . . . . . . . . . . . . . . . . . 12° Meulières de Brie dans leurs argiles rouges. . . . . . . . . . . . . . . . . | 8ᵐ,00 |

Total. . . 42ᵐ,50

Cette dernière couche atteint l'altitude de 280 mètres à quelques pas de là, au point culminant entre Verzenay et Verzy, ce qui donne environ 230 mètres pour l'altitude de la craie. Si ces chiffres sont exacts, ce que nous ne pouvons garantir d'une manière absolue, ce serait là le point où elle s'élèverait le plus sous les couches tertiaires. Les lignites proprement dits s'élèveraient environ à 246 mètres.

Remarquons encore ici que les lignites paraissent atteindre à 12 kilomètres, au mont Berru, une altitude de 230 mètres, et à Chenay à 23 kilomètres de Verzenay, une altitude de 160 mètres seulement.

En descendant du plateau à Verzy, on retrouve successivement la même série de couches.

La coupe de Verzenay nous montre plusieurs faits intéressants :

1° Les lignites proprement dits y sont très minces, et les fossiles qui les caractérisent s'y trouvent d'abord dans un sable quartzeux particulier qui paraît reposer directement sur la craie. Ce sable commence par être complétement dépourvu de fossiles sur une grande partie de son épaisseur; mais ensuite il en renferme une quantité prodigieuse, sans que pour cela il y ait aucun changement notable dans sa nature. Toute cette masse de sable, de 13 mètres environ, doit donc être considérée comme appartenant aux lignites dont elle forme la base, et comme remplaçant les couches qui manquent ici, et que l'on trouve soit au mont Berru, soit au mont Sarrans, soit au mont Bernon. Tandis que dans ces divers points les dépôts étaient argileux ou abondaient en carbone, ils étaient quartzeux à Verzenay; les mêmes fossiles se déposaient en même temps soit dans les marnes ou argiles, soit dans le sable. Ces sables ne peuvent donc point être rapportés aux sables de Rilly ; il ne saurait y avoir la moindre incertitude à ce sujet; ils sont bien postérieurs, et la Société a vu en effet, dans son excursion de vendredi, que les sables de Rilly et les marnes qui les surmontent sont recouverts à Chenay par les sables et grès non coquilliers de Châlons-sur-Vesle. Ces sables et grès non coquilliers passent sous les lignites de Chenay. Toute la question se réduit donc à ceci : Ou bien les couches de contact de ces sables et grès non coquilliers et des lignites à *Cyrena cuneiformis* représentent les sables quartzeux inférieurs de Verzenay, ou bien la *Cyrena cuneiformis* repose directement sur les sables non coquilliers et grès de Châlons, lesquels alors représentent les sables inférieurs de Verzenay. On voit que la discussion ramenée à ces termes n'a plus qu'un intérêt très secondaire.

2° Les sables supérieurs aux lignites se maintiennent encore ici avec leur épaisseur constante de 8 à 10 mètres.

3° La formation lacustre y est puissante et complète, plus complète même qu'au cran de Ludes ; le calcaire marin à *Pholadomya margaritacea*, Sow., que personne n'avait, que nous sachions, signalé à Verzenay, y occupe la même position, sur le banc à *Lymnæa longiscata*. Il y est assez riche ; les fossiles y sont faciles à détacher. L'assise supérieure est bien développée. Le terrain tertiaire s'étendait certainement de ce côté à une assez grande distance à l'E.

Il eût peut-être été possible d'observer le contact des sables tertiaires et de la craie dans le ravin de Verzy, si un violent orage suivi d'une pluie continue n'avait obligé la Société à se réfugier dans le village.

Malgré le mauvais temps qui a rendu la seconde partie de cette journée très pénible, la Société a continué ses explorations.

A la cendrière de *Villers-Marnery*, située au-dessous du signal, elle a observé la série suivante, savoir au-dessus de la craie :

1° Sables sans fossiles, gris ou rouges. . . . . . 15 mètres.
2° Argiles noires et lignites. . . . . . . . . . . 3
3° Argiles sableuses de diverses couleurs. . . . . 8

Le tout est recouvert par les marnes et meulières de Brie, mais remaniées et hors place. Ces meulières atteignent au signal une altitude de 279 mètres, à 10 mètres peut-être au-dessus du niveau qu'elles occupent dans la coupe de la cendrière, ce qui donnerait pour l'altitude des lignites le chiffre de 256 mètres.

A peu de distance de ce point, les lignites acquièrent tout d'un coup une grande puissance. La cendrière d'Ambonnay offre en effet l'épaisseur maximum des lignites dans la contrée. Cette cendrière est riche en débris organiques ; les ossements de Tortues et de Crocodiles y abondent, mais ce qu'il y a de plus remarquable, ce sont des fruits, des tiges admirablement conservés. Les débris végétaux s'y offrent à tous les états de conservation, depuis l'état de carbone pur jusqu'à celui de bois carbonisé recouvert encore d'une écorce flexible.

*Séance du lundi 1ᵉʳ octobre 1849.*

### Clôture de la session extraordinaire.

Avant de se séparer, les membres de la Société ont voulu visiter les lignites d'Aï et du mont Bernon.

Les lignites, qui sont à droite du ruisseau qui coule au N. d'Aï, sont recouverts par les sables sans fossiles que nous avons déjà cités bien des fois, et qui s'étendent ensuite à l'O. d'une manière régulière et uniforme, tout le long de la montagne de Reims. Ils sont caractérisés par les fossiles ordinaires; toutefois on y remarque une abondance extrême d'une petite Corbule (*Corbula Arnouldii*, Nyst), et d'une petite Paludine assez rare ailleurs. On y rencontre aussi, mais rarement, des coquilles marines, telles que *Buccinum semicostatum*, *Fusus minax*, etc. Nous avions précédemment, à Sarrans, trouvé des Lucines dans les lignites. La présence incontestable de coquilles exclusivement marines doit nécessairement entrer en ligne de compte dans la manière dont on explique la formation de cette assise.

De l'autre côté du ruisseau, sous le village de Mutigny, se trouvent de nombreuses exploitations de lignites. Mais ici les sables sans fossiles, supérieurs aux lignites, manquent complétement, et sont remplacés par les sables à gros grains à *Teredina personata*. La partie supérieure de cette assise est remplie d'ossements de Tortues.

Les marnes d'eau douce inférieures aux meulières de Brie recouvrent immédiatement cette couche comme au mont Bernon.

La visite au mont Bernon n'ayant rien offert que l'on ne trouve déjà décrit dans *Bulletin de la Société* (1), nous n'in-

---

(1) 1ʳᵉ série, vol. IX, p. 85, Prestwich; 2ᵉ série, vol. V, p. 399, Hébert.

sistons point sur cette partie de l'excursion faite aujourd'hui par la Société.

A la suite de ce compte rendu, et sur la demande de ses collègues, M. Hébert présente le résumé des observations faites dans cette session :

La Société a consacré neuf jours à l'étude de la limite orientale du plateau tertiaire parisien. Ses explorations ont été dirigées de telle façon que cette limite a pu être étudiée tout entière depuis le mont Août, près Sézanne, au S., jusqu'à Hermonville, au N., sur la route de Reims à Laon. On peut dire qu'elle a littéralement parcouru à pied le chemin suivant :

Mont Août, mont Aimé, Vertus, Avize, Sarrans, Cuys, Chavot, mont Bernon, Boursault, Damery, Fleury, Romery, Sermiers, Hautvilliers, Aï, Ambonnay, Trépail, Villers-Marnery, Verzy, Verzenay, Ludes, Rilly, Montchenot, Sermiers, mont Berru, mont Brimont, Hermonville, Villers-Franqueux, Pouillon, Trigny, Chenay et Châlons-sur-Vesle.

Chacune de ces localités a donné lieu à des observations intéressantes que je vais essayer de grouper dans l'ordre de succession des couches.

### 1º *Craie blanche.*

On sait que la craie des environs d'Épernay et de Reims est exactement la craie blanche de Meudon. Non seulement elle en a les caractères minéralogiques, mais, grâce aux intelligentes recherches de M. Dutemple, elle a fourni aux descriptions paléontologiques une nombreuse liste de fossiles qui comprend à peu près toutes les espèces trouvées jusqu'ici à Meudon. C'est seulement, d'après les renseignements qui nous sont fournis par M. Dutemple, dans la couche la plus supérieure que les débris organiques se rencontrent ; ils disparaissent à une profondeur de 4 à 5 mètres, ce qui pourrait tenir à ce que la craie blanche n'est point aussi complète en Champagne qu'à Meudon, où les couches caractérisées par les mêmes fossiles sont bien plus épaisses.

La craie s'élève :

Au mont Août, à. . . . . . . . 210 mètres.
Au mont Aimé. . . . . . . . . 210
Au bois de la Houppe. . . . . . 230
A Verzy, au moins à. . . . . . 230
Au mont Berru, au moins à. . . 210

On sait que dans le centre du bassin parisien l'altitude de la craie au point où elle s'élève le plus, à Meudon, est de 45 mètres ; et si l'on considère que la couche la plus supérieure de la craie blanche du département de la Marne n'est probablement pas la plus récente, que partout la craie paraît avoir été dénudée, on pourra en conclure légitimement, je crois, que la différence actuelle de niveau des couches correspondantes est d'environ 200 mètres. Cette différence est trop considérable pour qu'il soit possible d'admettre que la faune de Meudon ait pu vivre à des profondeurs aussi variées. La prodigieuse quantité d'*Ostrea vesicularis* avec les valves réunies que l'on rencontre constamment dans cette couche est d'ailleurs une preuve que ce fossile a vécu dans les lieux où on le trouve actuellement. De Paris à Reims, la craie se trouve donc relevée à l'E. Ce relèvement final est certainement le résultat d'un grand nombre d'oscillations du sol ; mais l'une de ces oscillations a eu lieu immédiatement après le dépôt de la craie blanche et avant le dépôt du *calcaire pisolitique*, puisque celui-ci recouvre la craie la plus récente à Meudon, et qu'il est adossé au bois de la Houppe à des couches plus anciennes ; et non seulement la craie a été relevée, mais il s'y est formé des dépressions que le calcaire pisolitique a comblées, au moins en partie : ainsi entre le mont Aimé (210 mètres) et le bois de la Houppe (230 mètres), la craie descend, au-dessus de Vertus, à une altitude moindre que 200 mètres, et le calcaire pisolitique a rempli cette dépression. Il y a à l'O. du bassin de Paris d'autres exemples de semblables dépressions comblées par le calcaire pisolitique.

Après le dépôt de la craie blanche de Meudon, qui, dans toute l'étendue du bassin parisien, présente les mêmes caractères et les mêmes fossiles, et qui par conséquent devait alors occuper une surface sensiblement horizontale, il s'est passé les phénomènes suivants :

1º Émersion de la masse crayeuse ;

2º Durcissement de la surface par suite de l'action prolongée des agents atmosphériques (craie dure à tubulures);

3º Exhaussement à l'E. et affaissement général du niveau de la craie émergée;

4º Formation de dépressions.

Ces phénomènes ont pu être successifs ou simultanés. Il en est résulté que la surface de la craie blanche est devenue inégale et onduleuse. Alors elle a été envahie de nouveau par les eaux marines, mais ces eaux n'ont point recouvert toute sa surface; ce recouvrement n'a été complet qu'au centre du bassin; dans les autres parties les eaux n'ont point dépassé un niveau légèrement inférieur à celui des points les plus élevés de la craie blanche. C'est alors que s'est déposé le calcaire pisolitique. Mais on voit qu'entre le commencement de ce dépôt et celui de la dernière couche de craie blanche il y a eu deux oscillations du sol, l'une ascendante, l'autre descendante, et un espace de temps considérable, auquel correspondent, à mon avis, les couches supérieures de Maëstricht et le calcaire à Baculites de Valognes.

Ces oscillations ont été peu intenses; elles ont probablement eu lieu lentement et ne paraissent pas avoir produit de couches de transport d'une épaisseur notable. En effet, les silex de la craie qui sont à la base du calcaire pisolitique sont enchâssés dans la pâte de ce calcaire; ils ne sont généralement pas superposés les uns aux autres; quelques uns se trouvent même complétement isolés à de grandes distances de la couche inférieure, ce qui prouve qu'ils étaient amenés au sein du calcaire pisolitique pendant une grande partie de la durée de son dépôt.

### 2º *Calcaire pisolitique.*

Le calcaire pisolitique a donc nivelé les inégalités de la craie blanche; son épaisseur maximum est sensiblement la même à l'E. et à l'O. du bassin de Paris : elle est d'environ 30 mètres; mais au centre, à Meudon, elle n'est que de 2 à 3 mètres. Là, le dépôt s'est effectué sur la craie intacte, tandis que dans les autres points cette craie avait été dénudée. Ce dépôt a nécessairement été d'abord sensiblement horizontal ; il affectait la disposition suivante :

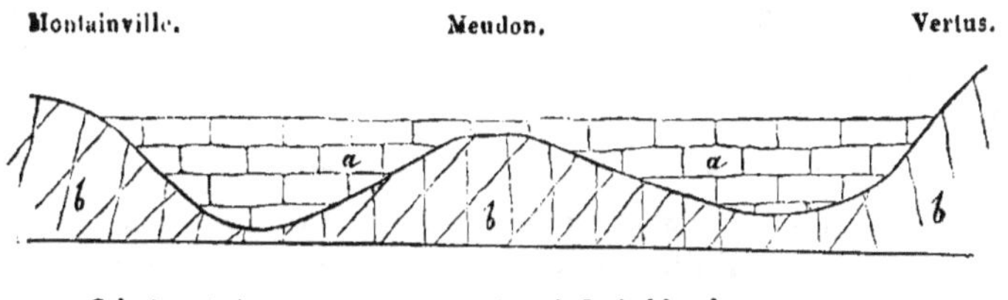


S'il était resté immobile, nous trouverions immédiatement au-dessus de lui tous ceux qui se sont effectués successivement.

Or l'observation montre immédiatement que le niveau du calcaire pisolitique avait changé considérablement lors du dépôt de l'assise qui lui a succédé dans le bassin de Paris.

Mais avant de quitter le calcaire pisolitique, constatons que l'âge de cette assise, si longtemps contesté au nom de la paléontologie, n'est plus actuellement l'objet d'aucune incertitude. M. Charles d'Orbigny, qui le premier l'avait, d'après des déterminations faites sur des moules intérieurs ou de mauvaises empreintes, rapporté au calcaire grossier, vient enfin d'adopter (1) l'opinion soutenue depuis si longtemps par M. Élie de Beaumont, qui dès 1834 en avait fait du terrain crétacé. — Heureusement, ici comme toujours, lorsqu'il n'y a pas d'erreur d'observation, la paléontologie et la stratigraphie étaient parfaitement d'accord. Une série d'échantillons bien conservés, que j'ai eu l'honneur de mettre sous les yeux de la Société le 1er mars 1847 (2) a mis ce fait hors de doute ; il a été facile de voir qu'aucune espèce n'était tertiaire.

Les fossiles sont aussi abondants dans le calcaire pisolitique que dans le calcaire grossier, et s'il arrivait, comme cela a lieu, pour ce dernier, qu'il pût se présenter sur quelque point à l'état de sable calcaire, renfermant les coquilles avec leur test, les collections s'enrichiraient d'une faune admirable. — Aujour-

---

(1) *Dict. universel d'histoire naturelle*, t. XII, p. 506, art. TERRAINS.

(2) *Bull.*, 2 série, vol. IV, p. 517.

d'hui on est obligé de tailler péniblement dans une roche d'une dureté excessive plusieurs échantillons pour représenter une seule espèce ; aussi n'a-t-il été possible de reconnaître et de recueillir qu'un nombre d'espèces fort limité. — M. Alc. d'Orbigny, à qui j'ai remis tous ces matériaux, en doit prochainement publier la description.

Après le calcaire pisolitique, que s'est-il déposé dans le bassin de Paris? On est étonné de la divergence des opinions qui se sont produites au sujet de nos premières couches tertiaires.

Pour ne citer que celles qui ont été le plus récemment exprimées, nous voyons en 1847 M. Raulin, l'auteur de l'excellente carte géologique du bassin parisien, mettre à la base du terrain éocène et sur la même ligne comme dépôts synchroniques, le *calcaire pisolitique*, les *sables de Bracheux*, le *calcaire à végétaux de Sezanne*, le *calcaire lacustre de Rilly* (1). En 1848, M. Charles d'Orbigny (2) place l'argile plastique, comprenant à sa partie inférieure le *calcaire lacustre de Rilly*, au-dessous des sables marins glauconifères, et dans un tableau général des couches du sol parisien publié par le même auteur en 1849, nous trouvons en effet le *calcaire de Rilly* intercalé entre les lignites à *Cerithium variabile* et le *conglomérat* de Meudon à *Unios* et *Térédines*, dont il fait la base du terrain éocène.

Dans la séance du 5 juin 1848 j'avais établi (3) : 1° que le calcaire pisolitique avait été émergé après son dépôt, et qu'il en était résulté un lac où avaient vécu des coquilles d'eau douce ; 2° que ce lac comblé, au moins en partie, par des sédiments, avait été détruit par une invasion des eaux marines ; 3° que dans les dépressions creusées dans l'emplacement de ce lac, des coquilles marines avaient vécu et s'étaient déposées au milieu de couches de sables, jusqu'au moment où, par suite de l'affluence des eaux douces, le golfe marin s'était trouvé transformé en immenses lagunes d'eau saumâtre parsemées de petits lacs d'eau douce. Il résultait de là, pour les dépôts

---

(1) *Patria*, p. 369.
(2) *Dict. univ. d'hist. naturelle*, p. 507, art. TERRAINS.
(3) *Bull.*, 2ᵉ série. t. V, p. 406 et 407.

qui ont suivi le calcaire pisolitique, l'ordre chronologique suivant, en commençant par le plus ancien :

1° Sable blanc et calcaire lacustre de Rilly.
2° Sables marins de Bracheux et Châlons-sur-Vesle.
3° Lignites.

Les raisons qui avaient suffi pour déterminer ma conviction n'ont pu entraîner celle des autres observateurs (1). Aujourd'hui je puis m'appuyer sur nos observations communes, dont quelques unes, entièrement nouvelles, et plus concluantes, plus palpables encore que tout ce que j'avais dit précédemment, ne permettent plus le doute. La coupe de Châlons-sur-Vesle à Chenay (pl. V, fig. 2) montre avec la plus complète évidence que l'ordre que je viens de rappeler est le vrai : l'assise la plus ancienne, après le calcaire pisolitique, est sans contredit la *formation lacustre de Rilly*.

### 3° *Sables blancs et marnes lacustres de Rilly.*

Les *sables blancs*, si reconnaissables à leur extrême pureté, se rencontrent soit seuls, soit recouverts par les marnes lacustres sur une foule de points. La Société les a vus à Hermonville, à Trigny, à Châlons-sur-Vesle, à Toussicourt, à Sermiers, à Rilly, à Romery et à Fleury. Ils occupent généralement un niveau compris entre 120 et 150 mètres d'altitude, et, comme l'épaisseur de cette assise est d'environ 15 mètres, on voit que les variations d'altitude se réduisent à peu de chose sur une étendue de 24 kilomètres du N. au S., d'Hermonville et de Prouilly à Rilly. Or, à 34 kilomètres au S. de Rilly, au mont Aimé, le calcaire pisolitique se trouve tout d'un coup porté à 240 mètres d'altitude, 90 mètres de différence. Si cette différence provenait d'un relèvement du sol postérieur au dépôt des sables et marnes de Rilly, cette assise ne se serait pas

---

(1) Outre M. Ch. d'Orbigny, je citerai M. d'Archiac, *Hist. des progrès de la géologie*, t. II. Dans ce volume, qui a paru le 2 novembre 1849, après la réunion extraordinaire d'Epernay, l'auteur a combattu mes opinions sur plusieurs points ; ne pouvant lui répondre ici, je lui demande la permission de le faire dans une prochaine séance.

maintenue à ce niveau constant ; elle plongerait beaucoup plus au N. ; à Pévy, l'altitude serait de 95 mètres au lieu de 150. Mais il y a plus : on sait que ce même calcaire lacustre existe à Sezanne, c'est-à-dire à 24 kil. au S. du mont Aimé, à une altitude de 170 mètres. Le calcaire pisolitique du mont Aimé se trouve donc à 70 mètres au moins au-dessus du niveau des marnes et calcaires lacustres de Rilly, qui n'en sont éloignés que de 24 kilomètres au S., à Rilly, et de 23 kilomètres au N., à Romery. Il en résulte nécessairement que cette différence de niveau est indépendante des mouvements du sol postérieurs au calcaire lacustre de Rilly, et qu'elle existait lors du dépôt de ce calcaire.

Ainsi, après le dépôt de la dernière couche du calcaire pisolitique, et avant celui de la première couche des sables de Rilly, il s'est passé des phénomènes par suite desquels le fond du golfe, où s'était déposé le calcaire pisolitique, a été considérablement élevé au-dessus de son ancien niveau. L'exhaussement du sol a été en outre accompagné ou suivi d'un ravinement ou d'une dénudation de 100 mètres de profondeur. La dépression qui en a été le résultat a reçu des eaux douces, et est devenue un lac encaissé dans la craie, recouverte en partie par le calcaire pisolitique, notamment au mont Aimé et à Vertus, et où, après le dépôt d'une couche de sable de 7 à 8 mètres d'épaisseur, a été enfoui un ensemble remarquable de mollusques, dont M. de Boissy vient de donner la description dans nos Mémoires.

Il y a donc entre le calcaire pisolitique et la formation lacustre de Rilly une discordance de stratification beaucoup plus considérable que celle que nous avons remarquée entre la craie blanche et le calcaire pisolitique. Cette dernière peut et doit probablement s'être établie par suite d'un soulèvement lent, et dont l'effet total a d'ailleurs été peu considérable. En est-il de même du second? Rien n'a pu jusqu'à présent nous l'indiquer. Nous en sommes réduits aux hypothèses ; mais ces hypothèses ne peuvent point sortir des termes suivants : Si le soulèvement a été long, il correspond à une durée plus grande que celle qui a séparé la craie de Meudon du calcaire pisolitique , et pendant cette époque il a dû se déposer quelque part des couches d'une certaine importance ; s'il a été brusque, il a donné naissance à un dépôt de transport assez considérable, dont les éléments devraient être en grande partie le calcaire pisolitique et la craie. Jusqu'à ce jour, aucun indice de ce dépôt ne s'est offert à nous dans la contrée qui a fait l'objet de nos explorations, et les restes d'un dépôt de cette nature qui existent encore dans cette contrée, à Sezanne par exemple (1), contiennent des débris roulés du calcaire lacustre de Rilly, et attestent par conséquent une nouvelle révolution postérieure à ce dernier dépôt. La Société a pu s'assurer, en effet, que ce lac avait été envahi par les eaux marines, lesquelles, dans ce large sillon creusé au milieu des sables et des marnes coquillières qui s'y étaient accumulés, et pénétrant même dans la craie qui primitivement formait le fond du lac, avaient déposé des sédiments marins identiques avec ceux que l'on observe dans le nord du bassin de Paris, à Bracheux, Abbecourt, etc.

L'âge de ces sables marins ne saurait plus être contesté. La place que je leur avais assignée au-dessus de la formation lacustre de Rilly et au-dessous des lignites (2), la Société a pu la vérifier directement dans sa course de Châlons-sur-Vesle. Je n'insiste pas sur ce point suffisamment développé dans les procès-verbaux. Ces sables marins ne paraissent point s'être avancés au S., au delà de la route de Reims à Dormans; du moins on n'en rencontre point de vestiges. Les mouvements du sol qui ont donné lieu à cette invasion n'ont pas été nécessairement très considérables; car le niveau du dépôt marin n'a point dépassé celui de l'assise lacustre; mais néanmoins les buttes de Sezanne offrent un dépôt de transport d'épaisseur variable allant jusqu'à 7 à 8 mètres, et qui certainement est de cette époque.

Ce dépôt a été décrit ailleurs (3); il me suffira de rappeler ici que la craie ravinée des buttes de Sezanne est recouverte d'abord par plusieurs mètres de silex roulés de la craie, entassés les uns sur les autres, au milieu desquels se trouvent des fragments roulés de craie et de calcaire à *Physa gigantea*. Ces fragments

---

(1) *Bull.*, 2ᵉ série, t. V, p. 396.
(2) *Bull.*, 2ᵉ série, t. V, p. 406.
(3) *Bull.*, 2ᵉ série, t. V, p. 396.

se trouvent surtout à la base. Ce dépôt est recouvert par des assises horizontales de calcaire à végétaux et à *Physa gigantea :* le tout est adossé à la craie. Cette disposition remarquable, la manière dont les végétaux, dont ce calcaire est rempli, se trouvent empâtés pêle-mêle, la plupart repliés, contournés, comme le seraient des feuilles emportées par un torrent boueux, tout cela ne m'a pas permis de concevoir la formation de ce dépôt autrement que de la manière suivante :

Au moment où le lac de Rilly était rempli par les marnes et calcaires à *Physa gigantea*, en partie solidifiés, en partie à l'état de vase, l'irruption qui du N. se frayait un passage à travers l'emplacement de ce lac et y amenait des eaux marines, projetait au S., sur la rive crayeuse, les débris arrachés à la craie et au calcaire, en même temps que la partie vaseuse du dépôt lacustre était entraînée sur les végétaux qu'une circonstance quelconque, facile à imaginer, avait amassés sur les bords du lac. Par sa pesanteur spécifique, la boue lacustre devait se tenir à la partie supérieure des matières torrentielles, les silex et les fragments solides à la partie inférieure. Cette boue s'est consolidée et nous a conservé dans toute la netteté de leur organisation une partie des végétaux de cette époque.

Il est possible que cette invasion des eaux marines corresponde à un affaissement du sol, affaissement que rien n'annonce avoir dû être bien considérable.

Quoi qu'il en soit, on voit que la période qui vient de nous occuper, depuis la fin du dépôt de la craie blanche jusqu'au commencement des sédiments marins tertiaires, présente une série de phénomènes qui en font l'une des époques les plus importantes des temps géologiques.

A cette période appartient la ligne de démarcation qui sépare le terrain secondaire du terrain tertiaire, si toutefois on peut dire qu'une telle ligne existe d'une manière absolue. Et, en admettant son existence, on peut la placer, d'après ce que nous avons vu, soit après le dépôt du calcaire pisolitique, si ce dépôt a été suivi d'une oscillation violente du sol, soit après le calcaire lacustre de Rilly, au moment de l'invasion des eaux marines dans le golfe parisien.

Dans le premier cas, le terrain tertiaire commencerait dans

le bassin de Paris par un dépôt lacustre, et il resterait à mettre
en évidence le dépôt qui s'effectuait dans le même temps et
commençait la série marine tertiaire. Dans le second cas, cette
série commencerait aux sables marins de Bracheux et de Châ-
lons-sur-Vesles, et le calcaire à *Physa gigantea* serait crétacé ;
bien que les probabilités soient en faveur de la première hypo-
thèse, nous ne croyons pas qu'elles soient suffisantes pour la
donner comme une théorie positive.

*4° Sables marins de Châlons-sur-Vesle, de Brimont, etc.*

A partir de ce moment, et pendant toute la période éocène,
les couches tertiaires présentent une régularité qui atteste le
calme le plus parfait. Aucune dénudation notable, aucun ravinement apparent ne subsistent comme traces d'une action
violente qui se serait exercée pendant ce long intervalle. Des
oscillations lentes ont seulement modifié les relations des
couches successives.

Les premiers dépôts marins sont caractérisés par un certain
nombre d'espèces communes aux sables de Bracheux, d'Abbecourt, etc., dans le département de l'Oise, et de Brimont,
dans le département de la Marne. Le plus remarquable de
ces fossiles est la *Cyprina scutellaria*, Desh. Ces dépôts sont
d'ailleurs beaucoup plus puissants et plus complets dans la
Marne que dans l'Oise. Nous les avons en effet reconnus sur
une épaisseur de 33 mètres à Châlons-sur-Vesle, de plus de
35 mètres à Brimont. Leur faune n'est pas moins riche; elle
l'est probablement bien davantage, parce qu'ils comprennent la
partie supérieure de cette assise qui manque dans l'Oise. Nous
devons à M. Graves une liste d'environ cent espèces des sables
de Bracheux, Abbecourt et Noailles. M. Melleville de son côté
a donné une liste de 41 espèces des sables de Châlons-sur-Vesle ;
mais ce chiffre est bien loin d'approcher de ce qu'il devrait être.
En effet, dans deux explorations, de quelques heures chacune,
nous avons pu recueillir à Châlons-sur-Vesle et à Brimont
38 espèces ; une dizaine d'autres nous ont été fournies par
M. Édouard de Brimont, et sur ces 48 espèces, 25 ne sont point
dans la liste de M. Melleville, ce qui porte déjà à 66 le nom-

bre connu des espèces de cette assise dans la Marne. Voici la
liste des 25 espèces qui ne sont point citées par M. Melleville.

1  *Astarte.* — Brimont.
1  *Avicula.* — Châlons.
1  *Beloptera belemnitoidea*, Blainv. — Brimont.
4  espèces nouvelles de Cérites. — Châlons.
1  *Corbula*, très voisine de la *C. angulata*, Desh. — Châlons.
1  *Corbula striata*, Lamk. — Châlons.
2  espèces nouvelles de Cyrènes. — Châlons.
1  *Cyclas*, n. sp. — Châlons.
1  *Cytherea bellovacina*, Desh. — Brimont.
2  espèces nouvelles de Lucines. — Châlons.
1  *Lucina scalaris*, Defr. — Châlons.
1  *Lucina uncinata*, Desh. — Châlons.
1  *Lucina angulata*, Desh. (*Axinus angulatus*, Sow.). —
     Châlons.
1  *Lymnæa* (coll. de M. de Brimont). — Brimont?
1  *Marginella ovulata*, Lamk. — Brimont.
1  *Modiola.* — Brimont.
1  *Psammobia rudis.* — Châlons.
1  *Pleurotoma tenuiplicata?* Melleville. — Châlons.
1  *Turritella edita*, Sow. — Châlons.
1  *Teredo.* — Brimont.
   ————
   25

Cette faune se lie à celles qui lui ont succédé : aux *lignites*,
par la *Melanopsis buccinoidea*, Fer., qui passe également dans
l'assise suivante ; aux *sables de Cuise*, par la *Turritella edita*,
très abondante dans les deux assises et par plusieurs autres
espèces ; au *calcaire grossier*, par les espèces suivantes :

> *Corbula striata*, Lamk.
> *Natica labellata*, Lamk.
> *Turritella imbricataria*, Lamk.
> *Beloptera belemnitoidea*, Blainv.
> *Marginella ovulata*, Lamk.
> *Psammobia rudis*, Desh.

aux *sables de Beauchamps* par les quatre espèces :

> *Psammobia rudis*, Desh.
> *Corbula striata*, Lamk.
> *Natica labellata*, Lamk.
> *Marginella ovulata*, Lamk.

Deux de ces espèces sont faciles à confondre avec plusieurs de leurs congénères, mais la *Psammobia rudis* est une coquille très distincte ; sa présence authentique à Chamery, où M. Deshayes et moi l'avons recueillie dans le calcaire grossier, et à Châlons-sur-Vesle, montre qu'elle a vécu pendant toute la période marine éocène. Je ne doute nullement qu'il n'en soit de même pour un certain nombre d'autres espèces, mais des rapprochements de cette sorte doivent être incontestables ; autrement ils ne servent qu'à propager des erreurs.

Il est à remarquer que la faune de Châlons-sur-Vesle, c'est-à-dire de la partie supérieure de l'assise dont nous nous occupons en ce moment, n'est pas exclusivement marine ; les Cyrènes nombreuses en espèces (cinq) et en individus, les Cyclades, les Hélix, les Mélanopsides, les Néritines, etc., indiquent assez que des eaux douces affluaient dans le golfe marin, mais principalement à la fin du dépôt de cette assise. Ces eaux douces sont alors devenues beaucoup plus abondantes ; leurs sédiments ont recouvert les dépôts marins et se sont même étendus beaucoup plus loin que les sables marins sous-jacents.

### 5. *Lignites.*

Je ne veux point entrer dans le détail des couches qui constituent cette assise ; j'insiste seulement sur leur position bien établie au-dessus de l'assise des sables marins, au-dessous des sables argileux sans fossiles qui supportent le calcaire grossier. Les observations faites par la Société de Châlons-sur-Vesle à Chenay, et d'Hermonville à Pouillon, ne laissent pas le moindre nuage sur ce point. J'ajoute en outre que cette assise se lie intimement à la précédente ; car, de même que les dernières couches de l'assise marine contiennent un grand nombre de coquilles d'eau douce, de même aussi les couches inférieures des lignites recèlent un certain nombre d'espèces marines. Ainsi nous avons trouvé plusieurs exemplaires de *Lucines* dans les lignites du mont Sarrans, un Buccin, *Buccinum semicostatum*, Desh., à Aï et dans le Soissonnais, deux Fuseaux, l'un le *Fusus minax* à Aï et dans les lignites de Château-Thierry, l'autre non déterminé, espèce commune dans les lignites de

Wailly près Soissons, et voisine des Buccins. Ces exemples, qui
se multiplieront certainement, ne permettent pas de douter
qu'à l'époque des lignites la mer ne fût en communication
directe ou momentanée avec les eaux dans lesquelles ils se
déposaient.

### 6° *Assises postérieures aux lignites.*

Bientôt les eaux marines prédominent de nouveau; elles
s'avancent, reprenant successivement leur ancien territoire,
au N. d'abord, dans le Soissonnais, pendant que les eaux
douces occupent encore le S.-E., en Champagne. C'est
l'époque des *sables de Cuise*, où l'on trouve dans une faune
riche d'ailleurs en fossiles marins quantité de coquilles d'eau
douce; c'est aussi l'époque des *sables argileux* de la montagne
de Reims. Enfin, les eaux marines recouvrent tout le golfe. Le
*calcaire grossier inférieur*, dépôt exclusivement marin, est le
produit de cette nouvelle époque.

Ces changements dans la nature des dépôts, produits par de
légères et lentes oscillations de la surface du sol, se perpétuent
dans la suite des temps et sont nombreux pendant la période
éocène. Après le calcaire grossier inférieur et moyen, dépôts
marins, le *calcaire grossier supérieur*, où les Cyrènes, les Cyclostomes et les Paludines, l'abondance même des Cérites com-
parés aux autres Gastéropodes, annoncent de nouveaux affluents
d'eau douce. Ces affluents dominent même un instant à l'époque des *caillasses*, puis le golfe redevient marin, mais sur une
étendue un peu plus circonscrite, et la riche faune des *sables
de Beauchamps*, quoique recelant encore de rares débris d'eau
douce, annonce une multiplication d'espèces au moins aussi
surprenante qu'à l'époque du calcaire grossier inférieur.

La fin des sables de Beauchamps est encore marquée par ces
alternances de lits d'eau douce et d'eau saumâtre si remarquables dans les lignites; puis le golfe marin se trouve transformé
en lac, où le *calcaire siliceux de Saint-Ouen*, pétri de Lymnées, de Planorbes, etc., s'est déposé sous une épaisseur assez
faible, de manière à ne pas même franchir la ligne de dunes qui
l'environnait du côté de la mer, et qui très probablement était

la cause de cette métamorphose du bassin en lac d'eau douce. Le calcaire à Lymnées s'étend d'ailleurs à l'E. jusqu'à l'extrémité de la montagne de Reims.

Un événement quelconque, il fallait pour cela bien peu de chose, détruit la barrière de sable qui s'était formée devant les eaux marines, ou annule son effet; celles-ci s'introduisent de nouveau, mais sans faire de dégâts, sans rien changer à la nature des dépôts qui s'effectuaient alors; des espèces marines pullulent, une Pholadomye surtout, très abondante à Ludes, à Verzenay, et qui existe aussi à Montmartre et à La Chapelle. Ce dépôt marin est très mince. A la partie inférieure, on trouve dans le même lit les coquilles marines et les coquilles lacustres; à Ludes et à Verzenay, le *calcaire marin* ne diffère nullement, sous le rapport minéralogique, du calcaire lacustre. A Montmartre, à La Chapelle, à Saint-Maur, les mêmes fossiles marins se trouvent dans des marnes, et ces marnes sont identiques avec celles d'eau douce qui les environnent.

Ce dépôt marin est recouvert immédiatement, aussi bien dans la montagne de Reims qu'à Paris, par des marnes qui commencent la grande *formation lacustre de la Brie*, et qui prouvent que le lac s'est reconstitué, probablement par suite d'une oscillation nouvelle du sol, de laquelle il est résulté que les eaux douces ont pu occuper un emplacement plus considérable qu'à l'époque du calcaire à Lymnées de Saint-Ouen, puisque nous avons retrouvé cette assise au mont Aimé, sur le calcaire pisolitique, au mont Août, sur la craie.

Je m'arrête ici, la Société n'ayant point eu occasion de pousser ses observations sur des couches plus récentes.

Je me borne à dire en terminant que des vestiges des *sables de Fontainebleau* subsistent encore sur les sommités des plateaux de meulières en divers points de la montagne de Reims, ce que du reste la carte de M. Raulin indique parfaitement.

M. Dutemple, président, déclare que la session extraordinaire de 1849 est close.

Nous joignons à ces procès-verbaux une lettre de M. Virlet, qui ne nous est parvenue qu'après la clôture de la session.

(*Note du Secrétaire.*)


*A Monsieur le Président de la réunion extraordinaire de la Société géologique de France à Épernay.*


Monsieur le président,

Empêché de me rendre, ainsi que j'en avais le projet, aux réunions de la Société à Épernay, je viens, pour le cas où elle pousserait ses courses jusqu'aux environs de Reims, lui signaler un fait intéressant que j'ai eu occasion d'y observer, il y a plus de dix ans, et que j'engage nos collègues à aller vérifier s'ils en ont le temps.

*Végétation anomale du hêtre.* Il existe, dans la forêt de la Montagne de Reims, sur le territoire de la commune de Verzy, chef-lieu de canton situé à trois lieues et demie environ au S.-E. de la ville de Reims, une localité où les hêtres (vulgairement *foyards*) poussent tous d'une manière rabougrie et avec des caractères tout à fait contrastants avec les formes droites et élancées ordinaires de cette essence de bois. Ici toutes les branches sont au contraire biscornues et forment autant de *tortillards*, dont l'ensemble présente des touffes d'un aspect fort singulier. Aussi va-t-on visiter ce lieu, comme une des curiosités naturelles les plus intéressantes ; et en effet, nulle part, peut-être, des phénomènes anomaux de physiologie végétale ne se présentent d'une manière aussi constante et aussi régulière à l'observation du naturaliste.

Lorsque je m'y rendis avec un ami, M. Houzeau-Muiron, député de Reims, chimiste et industriel fort distingué et très regrettable, nous avions principalement pour but d'examiner un gisement de minerai de fer qui se trouve précisément dans le même lieu, et que, d'après mes avis, il avait alors le projet d'utiliser en le traitant par la tourbe, si abondamment répandue dans toute la vallée de la Vesle. Ce minerai, à structure semi-oolithique, y forme une couche de deux à trois pieds de puissance, qui m'a paru, autant du moins que mes souvenirs peuvent me le rappeler, appartenir à l'étage des meulières. Il accuserait donc un horizon ferrugineux auquel se lieraient les minerais de même nature de Beaumont et de l'Isle-Adam, que M. Michelin et moi nous avons récemment constaté appartenir à cette époque géologique.

Frappé tout d'abord du phénomène de végétation extraordinaire que présente cette partie de la forêt de Verzy, et sachant que les jeunes plants de hêtre qui y ont été pris à différentes fois et transportés ailleurs par curiosité ne tardèrent pas à reprendre leur port habituel, je dus naturellement attribuer la cause de cette monstruosité, qu'on pourrait, par une certaine analogie, appeler un *crétinisme végétal,* à une influence du sol, et j'eus bientôt reconnu qu'elle tenait surtout à la présence du minerai de fer hydroxydé qui en occupait la surface, et dont la limite me fut précisément indiquée par la végétation anomale du hêtre, en sorte que la végétation vint ici servir d'indices certains (1) à nos recherches géologico-industrielles, et nous donner exactement la limite du gisement de fer, car au delà, tout à l'entour, les hêtres offraient une venue parfaitement droite.

Est-ce à l'influence du minerai de fer seul que serait due cette remarquable anomalie organique? ou serait-elle la conséquence de phénomènes électro-chimiques, développés par le contact de ce minerai avec les autres éléments du sol? ou bien ne serait-elle pas tout simplement due à l'influence d'un sous-sol dur et peu profond, qui, en ne permettant pas aux racines de prendre leur développement habituel, réagirait en même temps sur les tiges? Ce sont là des questions qu'il n'était guère permis de résoudre dans une course beaucoup trop rapide, mais qui me paraissent dignes de fixer l'attention de la Société ; car cette végétation tout insolite est certainement due à quelque influence du sol, et mériterait d'être constatée par une figure

---

(1) La végétation, vue dans son ensemble et en grand, lorsqu'on a l'habitude d'observer un pays, peut jusqu'à un certain point guider dans les reconnaissances géologiques et s'ajouter aux indices que la nature des roches imprime presque toujours aux formes des montagnes et du terrain. C'est ainsi qu'il m'est souvent arrivé, en Grèce, de distinguer à l'aspect de la végétation seule, à de très grandes distances et à l'aide d'une bonne lunette, instrument que je regarde comme aussi indispensable au géologue voyageur que le marteau et la boussole, les différents étages d'une formation ou les différentes formations entre elles. J'ai cité à ce sujet quelques exemples remarquables, et notamment à l'occasion de la grande formation des poudingues du système crayeux de la Messénie, à la page 193 de la *Géologie de la Grèce.*

comparative des deux végétations, ce que je me proposais toujours, au reste, de faire moi-même en l'accompagnant d'une note descriptive des lieux, si mes affaires m'eussent fourni plus tôt l'occasion d'aller de nouveau visiter cette localité intéressante à divers titres.

*Gouffre naturel et perte d'un ruisseau.* Je crois devoir encore signaler à l'attention de la Société un autre phénomène géologique qu'elle pourra également visiter en passant : c'est celui que présentent les eaux d'un ruisseau du bois du Gouffre, qui aboutissent, près du petit village de Germaine, situé à deux ou trois lieues au N. d'Épernay, près de la route de Reims, à une espèce d'abîme, surnommé dans le pays le *Trou-du-Diable*, où elles se précipitent en cascades et se perdent complétement. Cette chute, surtout quand les eaux du ruisseau ont été gonflées par les pluies ou la fonte des neiges, offre un spectacle qui n'est pas dénué d'une certaine grandeur; il représente, sur une échelle plus petite le phénomène des *Katavotrons* de la Grèce, gouffres où se précipitent également les eaux de ses plaines fermées.

Paris. — Imprimerie de L. MARTINET, rue Mignon, 2.

www.ingramcontent.com/pod-product-compliance
Lightning Source LLC
LaVergne TN
LVHW011350170726
843501LV00006B/1745